高职高专规划教材

AutoCAD

简明实训教程

李茗　王丽　编著

蔡俊霞　审

U0209243

化学工业出版社

·北京·

本书用若干实训项目，由简到难，介绍了 AutoCAD 基本操作、图层及文字、基本绘图练习、编辑命令的操作和使用、绘制三视图、标注尺寸、块的应用、查询对象的几何特性、绘制正等轴测图以及绘制零件图、装配图、电路图和建筑图的操作方法和要点。本书立足上机应用，精选了具有代表性的图例，讲解简洁清楚。

　　本书针对高职院校计算机绘图课程的需要编写，反映教学改革成果，可供高职高专院校 AutoCAD 绘图课程选用，也可供其他相关院校使用，还可作为工程技术人员、绘图人员自学和参考用书。

图书在版编目（CIP）数据

AutoCAD 简明实训教程 / 李茗，王丽编著. —北京：
化学工业出版社，2012.2（2020.4重印）
高职高专规划教材
ISBN 978-7-122-13065-5

Ⅰ．A⋯　Ⅱ．①李⋯ ②王⋯　Ⅲ．AutoCAD 软件-高
等职业教育-教材　Ⅳ．TP391.72

中国版本图书馆 CIP 数据核字（2011）第 265318 号

责任编辑：李玉晖　程树珍　丁友成　　　　　　　装帧设计：刘丽华
责任校对：蒋　宇

出版发行：化学工业出版社（北京市东城区青年湖南街 13 号　邮政编码 100011）
印　　装：北京七彩京通数码快印有限公司
787mm×1092mm　1/16　印张 7¾　字数 164 千字　　2020 年 4 月北京第 1 版第 3 次印刷

购书咨询：010-64518888　　　　　　　　　　售后服务：010-64518899
网　　址：http: // www.cip.com.cn
凡购买本书，如有缺损质量问题，本社销售中心负责调换。

定　　价：26.00 元　　　　　　　　　　　　　　版权所有　违者必究

前言

FOREWORD

根据教育部对高职高专制图教学的要求，学生必须掌握一种绘图软件的应用与操作，因此在本书的编写过程中，突出高职高专为生产一线培养技术型人才的教学特点，加强其针对性、实用性和可读性，以培养学生在机械、电器、建筑等图样绘制方面的能力。教材力求简明实用，使学生易于理解、掌握和应用。

本书根据不同课时、不同层次的学生学习 AutoCAD 的需要，编写了十三个实训项目。在编写过程中，结合作者的实践经验，精心选取了一批具有代表性的典型图例和习题，对典型例题给出了例题解析，对有一定难度的习题给出了提示；本书内容和机械制图及零件测绘紧密联系，在图样的选取上密切结合机械制图和工程制图，让学生在掌握计算机绘图的基础上不断提高制图技能；本书还坚持实例、技巧、经验并重，对以往学生容易出现的错误进行重点突破；并且不局限于版本限制，可与任何相应的AutoCAD 制图教材配套。最后，本书还安排了机械以外的其他工程图样的绘制，如电器图样、建筑图样，以供不同专业学生学习使用。

本书由包头职业技术学院李茗，王丽编著，蔡俊霞审。审稿老师提出了很多宝贵意见，在此表示衷心的感谢！

由于编者水平有限，书中难免有不足和疏漏之处，请广大读者批评指正。

编 者
2011 年 11 月

目 录

CONTENTS

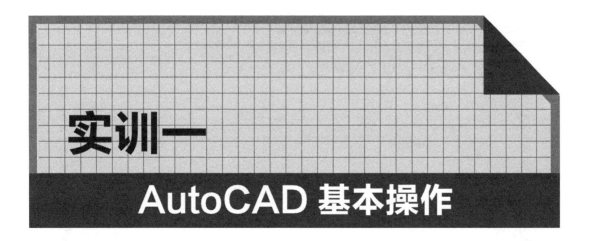

实训一

AutoCAD 基本操作

1）练习 AutoCAD 系统的启动和退出。

2）全面了解 AutoCAD 系统的界面和菜单结构及使用方法。

3）练习 AutoCAD 命令的输入和数据的输入方法。

4）建立符合国家标准的样本图纸。

（需要说明的是，AutoCAD 各版本大同小异，本书不针对某一版本。）

一、AutoCAD 的启动和关闭

启动 AutoCAD 有以下几种方法：

- 通过桌面快捷方式启动（在桌面建立 AutoCAD 快捷图标，双击该图标）
- 打开已经存在文档同时启动 AutoCAD（从 Windows 资源管理器中找到已经存在的 AutoCAD 文档，双击打开）
- 通过"开始"菜单启动（【开始】|【所有程序】|【Autodesk】|【AutoCAD】）

二、工作界面

工作界面如图 1-1 所示。包括下面内容：① 标题栏；② 菜单栏；③ 工具栏；④ 绘图区；⑤ 命令行；⑥ 状态栏；⑦ 坐标系图标；⑧ 坐标提示区。

三、管理图形文件

1. 创建新的图形文件 启动 AutoCAD，系统将自动新建一个名为"Drawing.dwg"的图形文件。用户也可以根据需要在使用过程中新建图形文件，新建图形文件主要有以下方法：

- 选择菜单"文件"-"新建"
- 单击【标准】工具栏中新建按钮 🗋
- 命令行：N↙（回车）
- 快捷键：【Ctrl+N】。

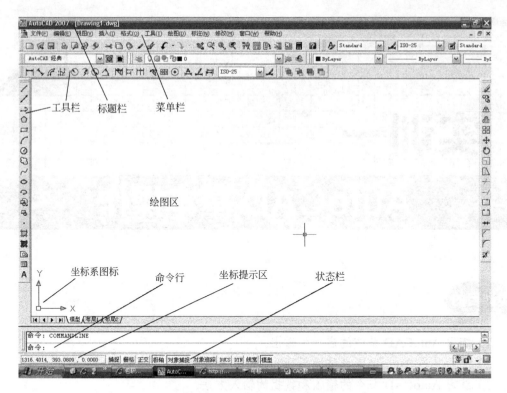

工具栏　　标题栏　　菜单栏

绘图区

坐标系图标　　命令行　　坐标提示区　　状态栏

图 1-1　AutoCAD 工作界面

2．打开 AutoCAD 图形文件　在 AutoCAD 中打开一幅已经绘制好的图形非常简单，调用命令的方法如下：

- 单击【标准】工具栏【打开】按钮
- 选择菜单【文件】|【打开】
- 命令行：open ✓（回车）
- 快捷键：【Ctrl+O】

如果要同时浏览多个文件，还可以利用 AutoCAD 的多文档工作环境，一次同时打开多个图形文件，在多文档之间还可以相互复制图形对象，但只能在一个文档上工作。

3．保存文件　调用保存命令的方法如下：

- 单击【标准】工具栏【保存】按钮
- 选择菜单【文件】|【保存】
- 选择菜单【文件】|【另存为】
- 命令行：save（(save as) ✓（回车）
- 命令行：qsave✓（回车）
- 快捷键：【Ctrl+S】(Ctrl+Shift+S)

在弹出的对话框中指定文件名和保存路径，还可以选择文件类型（*.dwg)格式。然后单击【保存】按钮就可以把前面所做的图形文件保存起来了。

说明：

文件未命名时，无论使用上述哪种保存文件方式，总是弹出【图形另存为】对话框。一旦文件命名，菜单的【保存】和工具栏【保存】按钮等同于 qsave 命令，激活该命令，自动保存文件，不再弹出对话框。菜单的【另存为】等同于 save 或 save as 命令，激活该命令，系统弹出【图形另存为】对话框，可以把文件另存名保存，并把当前图形更名，在练习时，习惯上图形保存为"学号+姓名.dwg"的形式，比如"31113101 张三.dwg"。

4．关闭图形文件和退出程序

- 右键单击左上角 AutoCAD 图标，在打开的菜单中选中"关闭"
- 单击绘图屏标题栏右上角 ✕ 关闭
- 选择【文件】|【退出】
- 在命令行键入 Quit(EXIT)
- 任务栏右击图标，在打开的菜单中选中"关闭"

四、二维绘图环境设置

1．设置绘图单位　调用设置图形单位的方法如下。

- 选择菜单：【格式】|【单位】
- 命令行：units✓（回车）

2．设置图形界限

- 选择菜单：【格式】|【图形界限】
- 命令行：limits✓（回车）

设置图形界限是将所绘制的图形布置在这个区域之内。图形界限可以根据实际情况随时进行调整，具体步骤如下。

选择菜单【格式】|【图形界限】，此时 AutoCAD 命令行提示如下。

命令：_limits

重新设置模型空间界限：

指定左下角点或 [开(ON)/关(OFF)] <0.0000,0.0000>:

指定右上角点 <420.0000,297.0000>:

由左下角点和右上角点所确定的矩形区域为图形界限，它也决定能显示栅格的绘图区域。通常不改变图形界限左下角点的位置，只需给出右上角点的坐标，即区域的宽度和高度值。默认的绘图区域为 420mm×297mm，这是国标 A3 图幅。

当图形界限设置完毕后，需要执行菜单【视图】|【缩放】|【全部】以观察整个图形。该界限和打印图纸时的"界限"选项，以及绘图栅格显示的区域是相同的，只要关闭绘图界限检查，AutoCAD 并不限制将图线绘制到图形界限外。

3．设置绘图环境　用户可以根据个人习惯，设置绘图区的背景色、文件保存路径、显示性能等的设置，具体操作是菜单【工具】|【选项】下进行各项设置，选择好以后单击"应用并关闭"。

五、AutoCAD 的坐标和二维绘图

1．坐标系　在 AutoCAD 中，默认的是世界坐标系（WCS），用户可以根据需要定义自己的坐标系，即用户坐标系（UCS），图 1-2 为世界坐标系的空间情况。绘制平面图形时，用户坐标系如图 1-3、图 1-4 所示，X、Y 轴相交处有一个小正方形，当 X 和 Y 轴进入正方形时，表示此时坐标系在原点，如图 1-3 所示。而 X 和 Y 轴不进入正方形时，表示此时

坐标系不在原点，如图 1-4 所示。

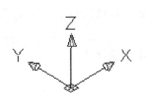
图 1-2 世界坐标系的空间情况

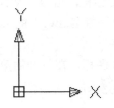
图 1-3 用户坐标系在原点

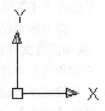
图 1-4 用户坐标系不在原点

2．点的输入方式 在需要精确确定点的位置时，AutoCAD 有四种点的输入方法。

1）绝对直角坐标输入法：用坐标（*x,y,z*）表示，数值间用逗号隔开，二维作图时不必输入 *z*。如图 1-5 所示。

2）相对直角坐标输入法：用坐标（@*x,y,z*）表示，@表示某点的相对坐标，*x,y,z* 是相对于前一点的增量。如图 1-6 所示。

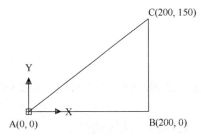
图 1-5 绝对直角坐标输入法

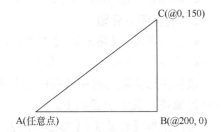
图 1-6 相对直角坐标输入法

3）绝对极坐标输入法：用坐标 *L*<*α* 表示，其中 *L* 表示点到原点的距离，*α* 表示点的极轴方向与 X 轴正方向的夹角。如图 1-7 所示。

4）相对极坐标输入法：用坐标@*L*<*α* 表示，其中@表示相对坐标，*L* 表示点到前一点的距离，*α* 表示该点与前一点的连线与 X 轴正方向的夹角。如图 1-8 所示。

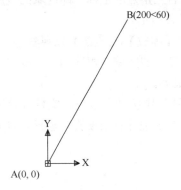
图 1-7 绝对极坐标输入法

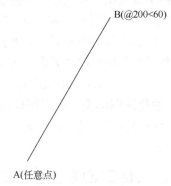
图 1-8 相对极坐标输入法

六、AutoCAD 的命令输入方式及命令执行过程

以绘制直线为例，分别讲述操作方法。

1．使用鼠标输入命令　方法一：在菜单栏选择【绘图】|【直线】命令。

方法二：在【绘图】工具栏选择【直线】按钮 ✐。在操作的同时要注意观察命令窗口出现的提示。

方法三：右键菜单命令：单击鼠标右键，从右键菜单中选择要输入的命令或重复上一次命令。

2．使用键盘输入　方法一：输入"LINE" ✓（回车）。

方法二：输入"L" ✓（回车）。

方法二其实是一种快捷输入法，AutoCAD 的一些常用命令都设有快捷键，在下拉菜单都有提示，如 [绘图(D) 直线(L)] 其中括号中的 L 就是快捷键。

上述输入方法在绘图时可以根据自己的操作习惯选择其中之一。同时 AutoCAD 的动态输入工具，使得命令响应变得更加直接。在绘制图形时，可以不断给出几何关系及命令参数的提示，以便用户在设计中获得更多的设计信息，使得界面变得更加友好。

3．命令的执行过程　用户输入某个命令后，命令窗口会出现该命令和执行命令的有关提示。根据系统提示输入文本对象、坐标以及各种参数来完成该命令的执行过程。

4．命令终止方式　命令终止方式有以下几种：

- 完成命令后按回车键
- 完成命令后按空格键
- 完成一条命令后自动终止
- 在执行命令的过程中按"Esc"键终止
- 在执行命令过程中，从菜单或者工具栏中调用另一命令，绝大部分命令可终止

七、几个最常见的命令

1．删除　方法一：调用删除命令，方法如下。

- 【修改】工具栏：【删除】按钮 ✐
- 菜单：【修改】|【删除】命令
- 命令行：erase ✓（回车）
- 命令行：e（简化命令）✓（回车）

命令执行过程如下。

命令：_erase

选择对象:（选择要删除的对象）

选择对象:（回车结束命令）

也可以先在未激活任何命令的状态下选择对象到高亮状态，然后单击工具栏中的【删除】按钮，即可删除该对象。

方法二：先在未激活任何命令的状态下选择对象到高亮状态，然后按键盘上的【Delete】键即可。

方法三：先在未激活任何命令的状态下选择对象到高亮状态，然后按鼠标右键，在弹出的快捷菜单中选择【删除(E)】选项。

对象的拾取：

当提示行出现"选择对象"时，AutoCAD 处于让用户选择实体的状态，此时屏幕上的

十字光标就变成了一个活动的小方框"□"，这个小方框叫做"对象拾取框"。

选择实体的 3 种默认方式是：

直接点取方式——该方式一次只选择一个实体，在出现"选择对象"提示时，直接移动鼠标，让对象拾取框"□"移到所选择的实体上并单击，该实体变成虚像显示即表示被选中。

W 窗口方式——该方式选中完全在窗口内的实体。在出现"选择对象"提示时，先给出窗口左角点，再给出窗口右角点，完全处于窗口内的实体变成虚像显示即表示被选中。

C 窗交方式——该方式选中完全或部分在窗口内的所有实体。在出现"选择对象"提示时，先给出窗口右角点，再给出窗口左角点，完全和部分处于窗口内的所有实体都被选中。

说明：各种选取实体的方式在同一命令中可以交叉使用。

2．撤销和恢复操作 当进行完一次操作后，如发现操作失误，即可单击【标准】工具栏中的【放弃】图标按钮 （或从键盘输入 U 回车；或者菜单中【编辑】|【放弃】，系统立即撤销上一个命令的操作。如连续用鼠标左键单击该命令，将依次向前撤销命令，直至起始状态。如果多撤销了，可单击【标准】工具栏中【重做】 （或从键盘输入 REDO 回车；或菜单中【编辑】|【重做】，如连续单击该命令，将依次恢复撤销的命令。

3．控制显示方法 AutoCAD 提供的显示控制命令可以平移和缩放图形，这样在绘制图纸的细节时，可以清晰地观察到图形的细部。

在 AutoCAD 中常用的显示命令是缩放（zoom）和平移（pan）。zoom 命令的作用是放大或缩小对象的显示；pan 命令不改变图形显示的大小，只是移动图形。具体的应用方法如下。

（1）工具栏方式缩放：如果直接回车或者单击【标准】工具栏上的【实时缩放】按钮 ，则执行的是实时方式。这时按住鼠标左键移动鼠标，绘图区域的显示将会实时地放大和缩小。

（2）平移：在命令行输入 pan 后回车或者直接单击【标准】工具栏上的【平移】按钮 ，进入平移模式。此时按住鼠标左键拖动，可以移动图形。

（3）鼠标滚轮方式：AutoCAD 为使用滚轮鼠标的用户提供一种更快捷的控制显示的方法。滚动鼠标滚轮，则直接执行实时缩放的功能，压下鼠标滚轮，则直接执行平移。这样的操作可以在执行任何命令的时候直接使用，可以非常方便、实时地显示图形。

4．特性匹配 绘图时有时为了提高速度，可以在一个图层下绘制所有图线，然后用"特性匹配"对相应图层进行特性刷新，具体操作如下。

例如想要把细实线变为粗实线：先点击"特性匹配"按钮 ，此时鼠标变成方框 □，方框在粗实线上时点击左键，此时粗实线变虚，同时方框边出现刷子 ，把方框放在细实线上点击左键就变成了粗实线。

八、样板图的创建与使用

手工绘图通常都要在标准大小的图纸上进行。大多数情况下，我们所用的都是印有图框和标题栏的标准图纸，也就是将图纸界线、图框、标题栏等每张图纸上必须具备的内容事先做好，这样既使得图纸规格统一，又节省了绘图者的时间。AutoCAD 也具有类似的功能，即样板图功能。

1．基础样板图 AutoCAD 提供了一些样板图形，它们都是以.dwt 为后缀的图形文件，存放在 AutoCAD 的 Template 文件夹中。其中有 4 个是 AutoCAD 基础样板图形。

- acadiso.dwt（公制）——含有颜色相关的打印样式
- acad.dwt（英制）——含有颜色相关的打印样式
- acadiso-named plot styles.dwt（公制）——含有命名打印样式
- acad-named plot styles.dwt（英制）——含有命名打印样式

acadiso.dwt 是【选择样板】对话框（如图 1-9 所示）默认设置的公制基础样板图；acad.dwt 是英制基础样板图，若要命名打印样式，应选择 acadiso-named plot styles.dwt 文件作为基础样板；若使用颜色相关的打印样式，应选择 acadiso.dwt 文件作为基础样板图形。

图 1-9　【选择样板】对话框

2．样板图的创建与使用 创建样板图的一般步骤如下。

（1）单击【新建】图标按钮，打开【创建新图形】对话框，从 acadiso.dwt 开始绘制新图，然后做以下设置：

- 单位采用小数制，精度为小数点后 2 位
- 设置正东为 0°方向
- 设置角度方向逆时针为正

（2）选择【工具】|【草图设置】，打开【草图设置】对话框，做以下设置：

- 设置启用"栅格"，且 X 和 Y 方向间距为 10
- 设置启用"捕捉"，且 X 和 Y 方向间距为 1，以便使用光标结合状态行的坐标显示来控制尺寸大小，进行精确绘图

（3）单击【图层】图标按钮，打开【图层特性管理器】，建立图层及图层特性。

（4）选择【格式】|【文字样式】，打开【文字样式】对话框，作图 1-10 所示的设置后单击【应用】按钮。一张图中，通常需要几种文字样式，如需要其他文字样式，可以重复以上过程，然后单击【关闭】按钮。

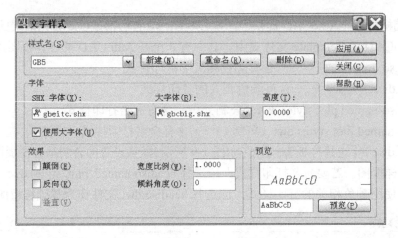

图 1-10 【文字样式】对话框

（5）基于 ISO-3.5 或者 ISO-5 尺寸标注样式，修改其中的内容，使之成为符合国标的尺寸标注样式。根据需要还可以设置多个。

（6）用块命令建立符合国标的粗糙度和形位公差符号块，并加入属性，建立可变的标注参数。

（7）定义或加载所要使用的打印样式表。

（8）按照国家标准对图幅的要求分别建立 A0、A1、A2、A3、A4 五个标准布局，定义好每个布局的页面设置，并创建一个浮动视口。在每个布局页面上绘制图框，插入标题栏及设计单位标识。当要输出某种图幅的图纸时，只要复制相应的标准布局，然后在复制的布局中设置好浮动视口与模型空间的比例以及浮动视口中的显示内容，再添加上所需的注释，填写好标题栏等，就可以打印输出了。

图 1-11 【样板说明】对话框

（9）单击【保存】按钮，打开【图形另存为】对话框，在"文件类型"下拉列表中选择"AutoCAD图形样板文件（*.dwt）"，将文件保存为"gbjx.dwt"，它自动被放在 AutoCAD 的 Template 子目录中。然后，在接下来的【样板说明】对话框中添加适当的文字说明，如图 1-11 所示。

（10）再次激活 new 命令，打开【选择样板】对话框，从"选择样板"列表框中即可看到 gbjx.dwt。选择它，即可使用。

以上只是样板图的一些常用设置，用户可以根据自己的实际需要添加或删除一些设置内容。

样板图后缀为.dwt，通常自动保存在 AutoCAD 的 Template 文件夹中，也可以保存到其他文件夹。但是，如果保存到其他文件夹，那么在新建文件时，就不能立刻看到所建立的样板图形，必须通过【浏览】按钮才能找到自定义的样板图形。

3．将现有图形文件存为样板图　如果一张已经绘制好的图所包含的设置恰好适用于新的项目，就可以将图上的对象删除，然后转存成样板图。

练习 利用点的各种输入法绘制下列图形。

练习 1-1

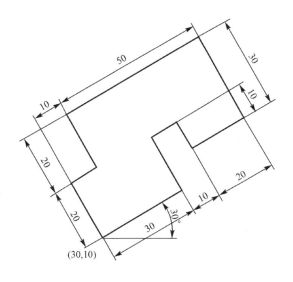

练习 1-2

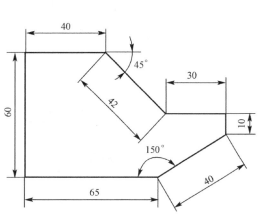

练习 1-3

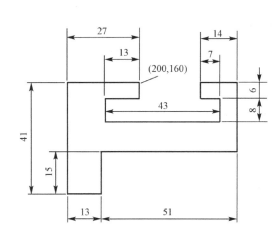

练习 1-4

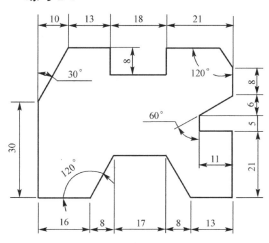

练习 1-5

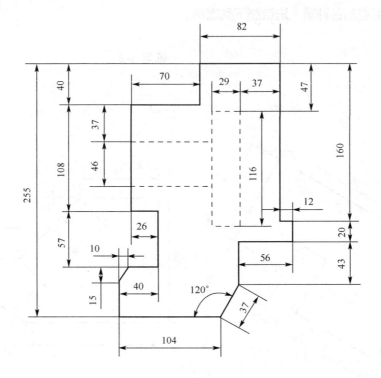

练习 1-6

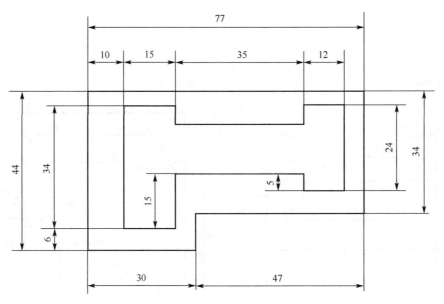

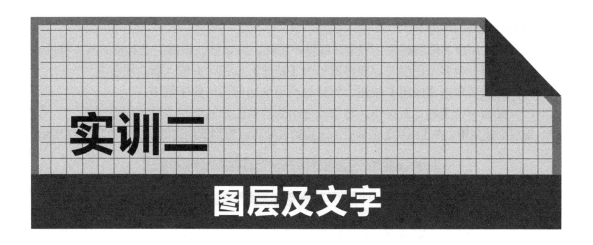

实训二

图层及文字

1）学习图层的建立、设置当前层、线型的加载、线型、颜色、层名的设定。

2）练习直线、偏移、修剪等简单绘图命令和编辑命令的操作方法。

3）练习文字样式的设置、文字的书写及修改。

一、图层

1．图层的创建

（1）图层的调用

● 单击【图层】工具栏上的【图层】按钮 📚，打开【图层特性管理器】对话框

● 选择菜单：【格式】|【图层】

● 命令行：layer↙（回车）

激活图层命令后，出现【图层特性管理器】对话框，如图2-1所示。

图2-1 【图层特性管理器】对话框

（2）在【图层特性管理器】中单击【新建】 按钮，新的图层以临时名称"图层1"显示在列表中，并采用默认设置的特性。

（3）输入新的图层名。

（4）单击相应的图层颜色、线型、线宽等特性，可以修改该图层上对象的基本特性。

（5）需要创建多个图层时，要再次单击【新建】按钮，并输入新的图层名。

（6）完成后单击【应用】按钮，将修改应用到当前图形的图层中。

（7）最后单击【确定】按钮，将修改应用到当前图形的图层中并关闭对话框。

图层创建完毕，在【图层】工具栏的下拉列表中可以看到新创建的图层，如图 2-2 所示。

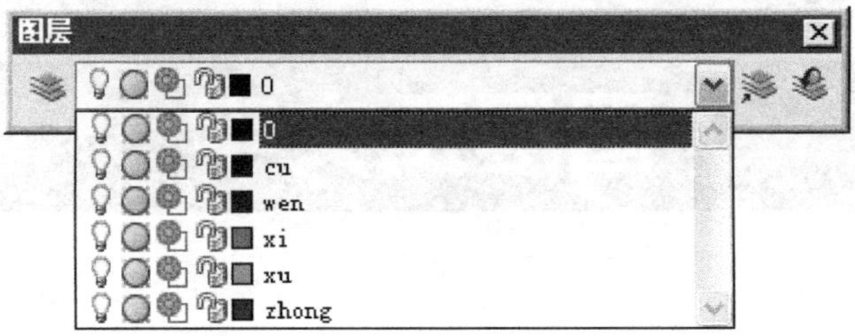

图 2-2　图层工具栏

2．图层的状态和特性　AutoCAD 可以控制图层里的对象，用于控制图层的工具有开/关、冻结/解冻、锁定/解锁、打印/不打印等几种。使用这几个工具很简单，可以在【图层特性管理器】对话框的"图层"列表中单击相应图层的控制图标，或在【图层】工具栏的下拉列表中单击相应图层的控制图标，对于打印/不打印则只能在【图层特性管理器】对话框中控制。

1）开/关图层　在工程设计中，经常将一些与本专业设计无关的图层关闭，使得相关的图形更加清晰。例如进行给排水设计时，可以保留建筑平面而无须其他的专业层。而且可以随时打开关闭的图层。如果不想打印某些图层中的对象，也可关闭这些图层。

开/关图层用于显示和不显示图层上的对象，控制图标是开灯 ♀ 和关灯 ♀ 。单击开灯图标可以实现"关图层"，相应的图层里的对象就会变得不可见，单击关灯图标可以实现"开图层"，被隐藏的图层里的对象又会被再次显示出来。

如果被关闭的是当前图层，将会有一个警告信息提示你当前图层被关闭，单击此警告信息中的【确定】按钮可以继续关闭当前图层。

2）锁定/解锁图层　有时人们不想在以后的设计中修改某些对象，可以将对象所在的图层锁定起来。锁定/解锁图层用于锁定和解锁图层上的对象，控制图标是开锁 ♙ 和锁定 ♙ 。单击开锁图标可以实现锁定图层，这时图层里的对象可见但不能被修改，可以在此图层里新建对象；单击锁定图标可以实现解锁图层，解锁后图层里的对象又可以被修改了。

如果将某一图层锁定，然后使用删除、移动等修改工具尝试修改此图层中的对象，将不会成功。

3）冻结/解冻图层　冻结/解冻图层可以看做是开/关图层和锁定/解锁图层的一个结合体，也就是说，被冻结的图层里的图形对象不能被修改，而关闭图层里的对象可以被某些选择集命令（如 all 全部命令）选择并修改。控制图标是太阳 ☀ 和雪花 ❀ ，单击太阳图标可以实现冻结图层，这时图层里的对象将被隐藏并且不能被修改，单击雪花图标可以实现解冻图层。

在重新生成和消隐或渲染时，计算机不处理冻结的信息，这样冻结一些图层可以提高绘图的速度，尤其在绘制比较大的图形时，其影响是很大的。而被关闭的图层与图形一起重新生成，只是不能显示和打印。

4）图层的颜色　为新层设置颜色。选择层颜色方块单击，弹出选择颜色对话框，如图2-3所示。在该对话框的标准颜色或全色调色板中单击一色。在对话框的底部显示颜色方块和该颜色的说明，单击【确定】。

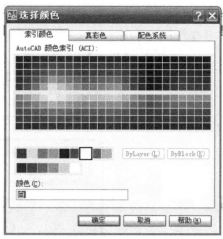

图 2-3　图层的颜色

5）图层的线型　在选择线型对话框中单击所选线型，一般情况下，系统默认线型为连续线型，想要中心线、虚线等其他线型必须加载线型，具体操作是：点击线型，会弹出"选择线型"对话框，如图2-4所示。点击"加载"，此时会出现"加载或重载线型"对话框，如图2-5所示，选择想要的线型，单击【确定】（OK），此时线型就变成相应的线型，全部选择完毕，关闭图层与线型特性对话框。选择当前层，在当前层上操作。

图 2-4　选择线型

图 2-5　加载线型

图 2-6　图层的线宽

6）线宽的设置　新建图层后，系统给定默认线宽值，必须进行重新给定，具体操作是，点击线宽，出现"线宽"对话框，直接选择需要的值就可以，如图2-6所示。

7）打印/不打印图层　如果某些图层仅仅是设计时的一些草图，不想在打印时被打印出来，可以将之设为"不打印"。打印/不打印图层用于控制图层上的对象是否被打印出来，控制图标是打印机 🖨️。在【图层特性管理器】对话框中单击此控制工具图标可以实现不打印图层，这时图层里的对象将不能被打印，再次单击此控制工具图标可以实现打印图层，则图层里的对象又可以被打印了。

二、文字

1. 设置文字样式

- 命令行：style
- 菜单栏：【格式】|【文字样式】
- 【文字】工具栏：单击图标 ![A]

执行"文字样式"命令后，弹出"文字样式"对话框，可以完成对文字样式名、文字字体及效果的设置，并可通过预览按钮对文字样式的设置进行预览，如图 2-7 所示。

图 2-7　文字样式的设置

2. 输入文本

（1）单行文字输入　依次单击【绘图】|【文字】|【单行文字】菜单命令，或在命令行输入：DTEXT 或 TEXT✓

命令提示如下。

命令: _dtext

当前文字样式: Standard　当前文字高度: 2.5000

指定文字的起点或 [对正(J)/样式(S)]:

指定高度 <2.5000>: 3.5 （指定文字高度）

指定文字的旋转角度 <0>:

（在指定点输入即可）

（2）多行文字输入　依次单击【绘图】|【文字】|【多行文字】菜单命令

指定输入文字范围，弹出"多行文字编辑器"，如图 2-8 所示。可以对文字字体、字高、对正等进行设置，输入文字，点击【确定】。

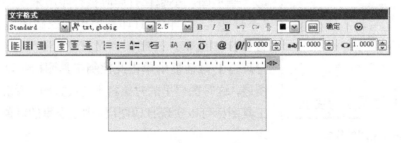

图 2-8　多行文字编辑器

3．编辑文字

用鼠标在所需要修改的文字上双击，打开"多行文字编辑器"对话框，将文字框中的文本改为所需字体的大小和样式即可，同时也可以改变文字内容，如图2-9所示。

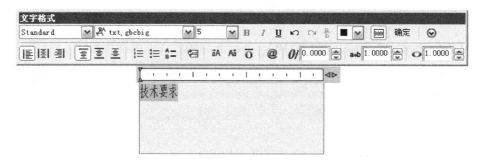

图2-9　编辑文字

4．常用特殊字符的输入

%%C：φ

%%D：°

%%P：±

%%U：打开或关闭文字的下划线

%%O：打开或关闭文字的上划线

练习 绘制练习2-1的图幅框线、边框线和标题栏。

作图提示：

1）调用直线（LINE）命令，在命令行的提示中输入图幅各点坐标（可用绝对坐标输入 x,y；相对坐标输入@x,y；或打开正交（F8），移动光标方向，采用直接距离输入法 L）.

也可以使用矩形命令绘制。具体操作为：

点击矩形图标☐；

在指定第一个角点提示符下左键点击任意一点；

在指定下一个角点提示符下输入@297，210✓（回车）。

绘图时，使用的输入方法不一定要相同，可根据自己的使用情况选择。

2）调用偏移命令偏移直线，画出图框和标题栏，（图纸幅面尺寸见图 2-10），注意如果是用矩形命令绘制的，还必须进行分解，才可以绘制装订边。

幅面代号	A0	A1	A2	A3	A4
$B \times L$	841×1189	594×841	420×594	297×420	210×297
e	20		10		
c	10			5	
a	25				

图2-10　图纸幅面

3）绘制完成后，调用文字命令，对标题栏进行书写和编辑。

4）存盘　打开【文件】，点击【另存为】，弹出"图形另存为"对话框，文件类型可以选择图形文件、模板文件或者标准文件，在文件名栏输入学号加姓名，单击保存，返回到图形。

练习 2-1　绘制 A4 图幅（297×210），并绘制标题栏（不用标注尺寸）。

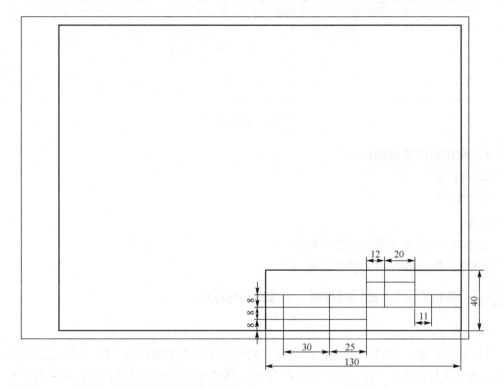

练习 2-2　绘制标题栏（不用标注尺寸）。

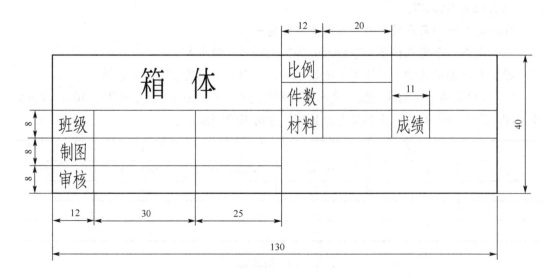

练习 2-3 绘制标题栏（不用标注尺寸）。

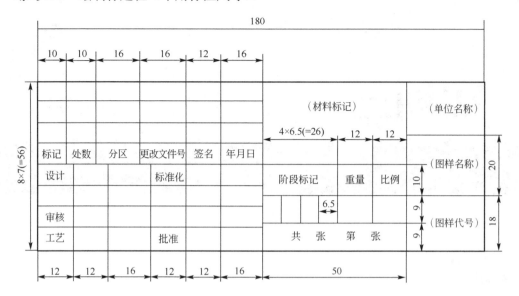

练习 2-4

技术性能	物料堆积密度	γ	$2400kg/m^2$
	物料最大块度	α	580mm
	许可环境温度		$-30\sim+45°$
	许可牵引力	F_x	45000N
	调速范围	v	$\leq120r/min$
	生产率	ξ	$110\sim180m^3/h$

练习 2-5 （不用标注尺寸）

钢筋的混凝土保护层厚度					
环境与条件	构件名称	混凝土强度等级			
		低于C25	C25及C30	高于C30	
室内正常环境	板、墙、壳	15			
	梁和柱	25			
露天或室内高湿度环境	板、墙、壳	35	25	15	
	梁和柱	45	35	25	

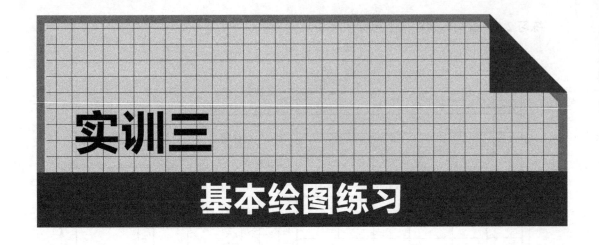

实训三

基本绘图练习

1）练习绘图辅助工具：正交（ortho）、栅格（grid）、捕捉间隔（snap）和精确绘图、目标捕捉等命令的操作方法。

2）练习绘图命令：点、直线（line）、圆（circle）、圆弧（arc）、圆环（donut）、多段线、矩形、多边形、椭圆等命令的使用方法。

一、精确绘图辅助工具

AutoCAD 为精确绘图提供了很多工具，状态栏上的按钮基本上都是精确绘图工具，包括捕捉和栅格、正交与极轴、对象捕捉与追踪、动态输入。

调出草图设置对话框的方法如下。

- 命令行：dsettings。
- 菜单：【工具】|【草图设置】。
- 快捷菜单：在状态栏的【捕捉】、【栅格】、【正交】、【极轴】、【对象捕捉】、【对象追踪】、【动态输入】选项卡的任意一个，单击右键显示快捷菜单，再选择"设置"选项。

1．栅格 激活栅格设置的方法如下。

- 状态栏：栅格
- 命令行：grid✓（回车）
- 功能键：F7

2．捕捉 捕捉工具的作用是准确地对准到设置的捕捉间距点上，用于准确定位和控制间距。捕捉设置和栅格设置位于同一个选项卡内，如图 3-1 所示。单击状态栏的【捕捉】按钮或者按【F9】键或 Ctrl+B 可以打开和关闭捕捉工具。

激活捕捉设置的方法如下。

- 状态栏：捕捉
- 命令行：snap ✓（回车）
- 功能键：F9

3．正交

- 状态栏：正交
- 命令行：ortho ∠（回车）
- 功能键：F8

4．极轴 激活极轴设置的方法如下。

- 状态栏：极轴
- 命令行：dsettings ∠（回车）
- 功能键：F10

如图 3-1 所示。这可以方便地绘制各种与极轴角度同方向的图线。

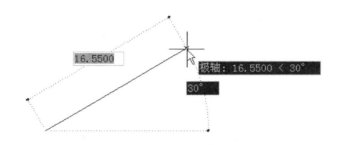

图 3-1 极轴追踪模式

5．对象捕捉

（1）单点捕捉 单点捕捉是在指定点的过程中选择一个特定的捕捉点。指定对象捕捉时，光标将变为对象捕捉靶框。选择对象时，AutoCAD 将捕捉离靶框中心最近的符合条件的捕捉点并给出捕捉到该点的符号和捕捉标记提示。

激活对象捕捉的方法是：在【对象捕捉】工具栏上选择对应的捕捉类型，如图 3-2 所示。

图 3-2 【对象捕捉】工具栏

另外，在绘图的时候，按住【Shift】键或【Ctrl】键单击鼠标右键可以随时调出对象捕捉快捷菜单，可以从中选择需要的捕捉点。

（2）自动捕捉 调用设置对象捕捉方式的方法如下。

- 【对象特性】工具栏：【对象捕捉设置】按钮 ⋒.
- 菜单：【工具】|【草图设置】
- 状态栏：【对象捕捉】按钮上单击鼠标右键，在右键快捷菜单中选择【设置】菜单，在弹出的【草图设置】对话框中选择【对象捕捉】选项卡
- 命令行：osnap ∠（回车）
- 功能键：F3

在设置捕捉方式时，系统弹出【草图设置】对话框，在对话框中选择【对象捕捉】选

项卡，如图 3-3 所示。

图 3-3 【草图设置】对话框的【对象捕捉】选项卡

在对话框中，选择"对象捕捉模式"，如端点、中点、圆心等，然后单击【确定】按钮。当选择"启动对象捕捉"后，用户在绘制图形遇到点提示时，一旦光标进入特定点的范围，该点就被捕捉到。

6. 对象追踪 对象追踪必须配合自动对象捕捉完成，也就是说，使用对象追踪的时候必须将状态栏上的对象捕捉也打开，并且设置相应的捕捉类型。

- 状态栏：对象追踪（同时要打开"对象捕捉"）
- 功能键：F11

7. 动态输入 动态输入主要由指针输入、标注输入、动态提示三部分组成。激活动态输入设置的方法如下。

- 状态栏：DYN
- 功能键：F12

二、绘制二维图形

1. 直线的绘制 直线命令用于绘制一系列连续的直线段，每条直线段作为一个图形对象处理。在绘制直线时，有一根与最后点相连的"橡皮筋"，直观地指示新端点放置的位置。

调用绘制直线命令的方法如下。

- 【绘图】工具栏：【直线】按钮 ⁄
- 菜单：【绘图】|【直线】命令
- 命令行：line ⁄（回车）
- 命令行：1（简化命令）⁄（回车）

示例：绘制如图 3-4 所示的零件轮廓，通过此练习学习直线命令的使用及坐标的各种输入方式。

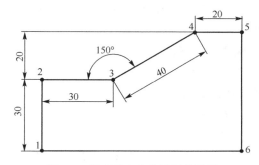

图 3-4　用直线命令构造零件轮廓

操作过程如下。

命令：_line

指定第一点：20，20（输入绝对直角坐标，给定左下角 1 点）

指定下一点或 [放弃(U)]：30（直接距离输入。激活极轴，用鼠标指示方向，待竖直追踪线出来后输入距离值，给出第 2 点）

指定下一点或 [放弃(U)]：30（用鼠标指示方向，待水平追踪线出来后输入距离值，给出第 3 点）

指定下一点或 [闭合(C)/放弃(U)]：@40<30（输入相对极坐标，给出第 4 点）

指定下一点或 [闭合(C)/放弃(U)]：20（待水平追踪线出来后输入距离值，给出第 5 点）

指定下一点或 [闭合(C)/放弃(U)]：50（待竖直追踪线出来后输入距离值，给出第 6 点）

指定下一点或 [闭合(C)/放弃(U)]：C（封闭图形结束绘图）

2．圆的绘制　在 AutoCAD 中，可以通过圆心和半径或圆周上的点创建圆，也可以创建与对象相切的圆。

调用绘制圆命令的方法如下。

- 【绘图】工具栏：【圆】按钮 ⊙
- 菜单：【绘图】|【圆】命令
- 命令行：circle ✓（回车）
- 命令行：c（简化命令）✓（回车）

在使用此命令时，命令行出现如下提示：

指定圆的圆心或 [三点(3P)/两点(2P)/相切、相切、半径(T)]：指定点或输入选项

在菜单【绘图】|【圆】子菜单中有 6 种绘制圆的方法，即【圆心、半径】、【圆心、直径】、【两点】、【三点】、【相切、相切、半径】及【相切、相切、相切】。

3．圆弧的绘制　圆弧是圆的一部分，可以使用多种方法创建圆弧。调用绘制圆弧命令的方法如下。

- 【绘图】工具栏：【圆弧】按钮 ⌒
- 菜单：【绘图】|【圆弧】命令
- 命令行：arc ✓（回车）
- 命令行：a（简化命令）✓（回车）

4. 正多边形的绘制　利用 AutoCAD 提供的绘制正多边形命令，可以创建包含 3～1024 条等长边的闭合多段线，多边形是一个独立对象。用此命令可以很方便地绘制正方形、等边三角形、正八边形等图形。

调用绘制多边形命令的方法如下。

- 【绘图】工具栏：【多边形】按钮 ⬠
- 菜单：【绘图】|【多边形】命令
- 命令行：polygon ✓（回车）
- 命令行：pol（简化命令）✓（回车）

5．矩形的绘制　矩形是最常用的几何图形，用户可以通过指定矩形的两个对角点来创建矩形，也可以指定矩形面积和长度或宽度值来创建矩形。默认情况下绘制的矩形的边与当前 UCS 的 X 轴或 Y 轴平行，也可以绘制与 X 轴成一定角度的矩形。绘制的矩形还可以包括倒角、圆角、标高、厚度和宽度。整个矩形是一个独立的对象。

调用绘制矩形命令的方法如下。

- 【绘图】工具栏：【矩形】按钮 ▭
- 菜单：【绘图】|【矩形】命令
- 命令行：rectang ✓（回车）
- 命令行：rec（简化命令）✓（回车）

6．点的绘制及对象的等分

（1）绘制点　调用绘制点命令的方法如下。

- 【绘图】工具栏：【点】按钮 ▪
- 菜单：【绘图】|【点】命令
- 命令行：point ✓（回车）

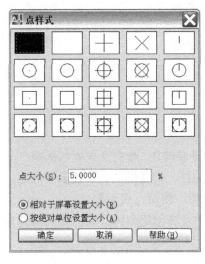

图 3-5 【点样式】对话框

- 命令行：po（简化命令）✓（回车）

命令执行过程如下。

命令：_point

当前点模式：PDMODE=0　PDSIZE=0.0000

指定点：（指定点的位置）

指定点：（继续给出一点或按 Esc 键结束点命令）

（2）设置点样式　在默认的情况下，点对象以一个小圆点的形式表现，不便于识别。通过设置点的样式，使点能清楚地显示在屏幕上。设置点样式的方法如下。

- 菜单：【格式】|【点样式】命令
- 命令行：ddptype ✓（回车）

执行此命令后，系统弹出【点样式】对话框，如图 3-5 所示。

在【点样式】对话框中可以设置点的样式和大小，可以看到各种点的直观形状，选取某种点样式后，屏幕上就显示所选样式的点。"点大小"文本框可以用来输入点图形显示大小的百分比。

（3）定数等分　定数等分是在对象上按指定数目等间距地创建点或插入块。这个操作并不把对象实际等分为单独对象，而只在对象定数等分的位置上添加节点，这些节点将作为几何参照点，起辅助作图用。例如三等分任一角，作图方法为：以角的顶点为圆心，绘制和两条边相连接的圆弧，并将圆弧等分为三段，再连接角顶点和定数等分的节点。

调用定数等分命令的方法如下。

- 菜单：【绘图】|【点】|【定数等分】命令
- 命令行：divide ✓（回车）

（4）定距等分　定距等分是按指定的长度，从指定的端点测量一条直线、圆弧、多段线或样条曲线，并在其上按长度标记点或块标记。与定数等分不同的是，定距等分不一定将对象全部等分，即最后一段通常不为指定距离。定距等分时离拾取点近的直线或曲线一端为测量的起始点。

调用定距等分命令的方法如下。

- 菜单：【绘图】|【点】|【定距等分】命令
- 命令行：measure ✓（回车）

练习

练习 3-1　圆命令中"相切-相切-半径"　　练习 3-2
　　　　　绘制连接弧

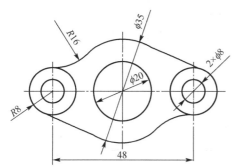

练习 3-3　打开极轴绘制 30° 角的线段　　练习 3-4

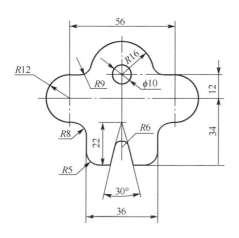

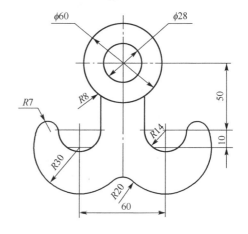

练习 3-5

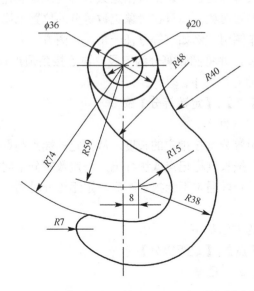

练习 3-6 利用 RECTANG 命令绘图，利用"F"选项绘制大矩形

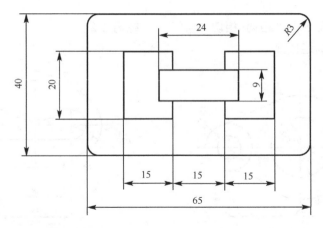

练习 3-7 利用画圆命令中的"相切相切 相切"绘制

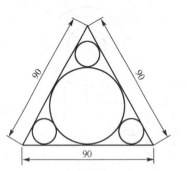

练习 3-8 利用画圆命令中的"相切相切 相切"绘制

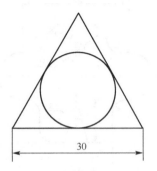

练习 3-9

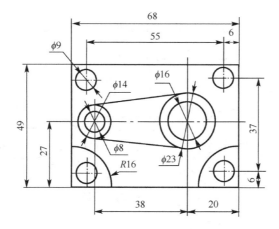

练习 3-10

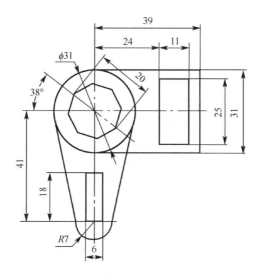

练习 3-11 圆弧命令中"圆心-起点-端点"绘制圆弧

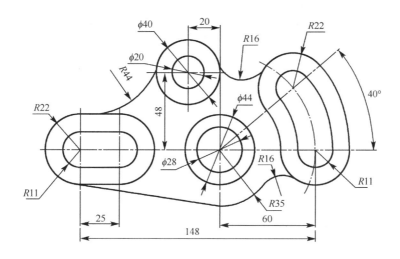

练习 3-12

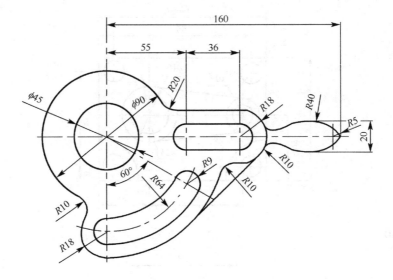

练习 3-13

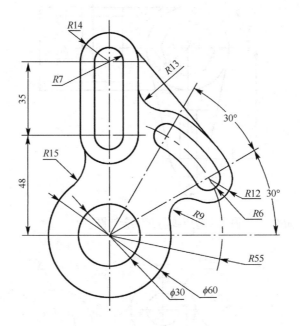

AutoCAD 简明实训教程

实训四

编辑命令的操作和使用

实训目的

1）练习编辑命令的操作。

2）继续练习绘图命令的使用。

修改编辑命令为"修改"工具栏，如图 4-1 所示。

图 4-1　修改工具栏

或者【修改】子菜单下，如图 4-2 所示。

一、图形对象的删除和复制

图 4-2　修改子菜单

对象的复制和删除包括复制对象、创建镜像对象、创建阵列的对象、偏移对象、旋转复制对象、缩放复制对象、删除对象等命令，使用各种复制功能可以减少大量的重复性工作，从而体现计算机绘图的高效性。

1. 删除对象　绘图时，有些对象绘制得不合适，有些对象属于临时辅助作图对象，还有一些对象属于修剪后的残留对象，这些都是在最后完工的工程图中不需要的对象，应予以删除。

具体操作在第一章已经讲过，这里不再赘述。

2. 复制对象　复制命令用于在不同的位置复制现存的对象。复制的对象完全独立于源对象，可以对它进行编辑或其他操作。

调用复制命令的方法如下。

- 【修改】工具栏：【复制】按钮
- 菜单：【修改】|【复制】命令

- 命令行：copy ✓（回车）
- 命令行：co 或 cp（简化命令）✓（回车）

复制命令需要指定位移的矢量，即基点和第二点的位置，由此可以知道复制的距离和方向。用户一次可以在多个位置上复制对象。

复制命令执行过程中，基点确定后，当系统要求给定第二点时输入"@"，回车结束，则复制出的图形与原图形重合；当系统要求给定第二点时，直接回车结束，则复制出的图形与原图形的位移为基点到坐标原点的距离。

在"指定基点或 [位移(D)] <位移>:"提示下，如果直接选择"D"，则系统默认坐标原点为基点，指定的第二点即为位移。

提示：选择图形后按住鼠标右键拖动，到指定位置后松开右键，在弹出的快捷菜单中选择"复制"，可复制对象。或选择图形后同时按住 Ctrl 键和鼠标左键拖动图形，也可以复制出新的图形对象。

3. 镜像复制对象　镜像对象命令用于创建轴对称的图形。在工程设计中经常遇到左右对称、上下对称的图形，利用镜像功能，用户仅需创建部分对象，然后通过镜像快速生成整个对象。

调用镜像命令的方法如下。
- 【修改】工具栏：【镜像】按钮 ⚼
- 菜单：【修改】|【镜像】命令
- 命令行：mirror ✓（回车）
- 命令行：mi（简化命令）✓（回车）

镜像复制对象时首先要选择对象，然后指定镜像的轴线，按照给定的轴线进行对称复制，再指定是否删除原对象。

要删除源对象吗？[是(Y)/否(N)] <N>：（指定是否删除源对象，直接回车接受默认选项）

4. 旋转复制对象　通过选择一个基点和一个相对或绝对的旋转角度就可旋转对象，源对象可以删除也可以保留。指定一个相对角度将从对象的当前方向以相对角度绕基点旋转对象。默认设置时，角度值为正时逆时针方向旋转对象，角度值为负时顺时针方向旋转对象。

调用旋转命令的方法如下。
- 【修改】工具栏：【旋转】按钮 ⟳
- 菜单：【修改】|【旋转】命令
- 命令行：rotate ✓（回车）
- 命令行：ro（简化命令）✓（回车）

在旋转对象时，首先选择要旋转的对象，创建选择集，然后给定旋转的基点和旋转的角度。

示例：如图 4-3 所示，旋转复制指定对象。命令执行过程如下。

命令：_rotate

UCS 当前的正角方向：ANGDIR=逆时针　ANGBASE=0

选择对象：（隐含窗口方式选择对象，先拾取 P_1 点，再拾取 P_2 点）

选择对象：（回车结束选择对象）

指定基点：（捕捉圆心 O 点）

指定旋转角度，或 [复制(C)/参照(R)] <0>: c（选择复制对象方式旋转，源对象保留）

旋转一组选定对象

指定旋转角度，或 [复制(C)/参照(R)] <0>: –120（输入旋转角度，顺时针旋转 120 度，回车结束命令）

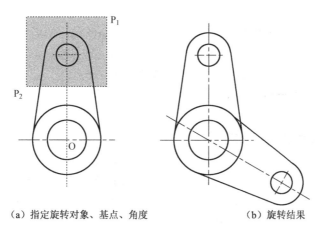

（a）指定旋转对象、基点、角度　　　　　　（b）旋转结果

图 4-3　旋转并复制对象

如果不知道应该旋转的角度，可以采用参照旋转的方式。例如，已知两个角度的绝对角度时对齐这两个对象，即可使用要旋转对象的当前角度作为参照角度。更为简单的方法是用鼠标选择要旋转的对象和与之对齐的对象，例如以图 4-4（a）中的 P_1、P_2、P_3 点作为参照点，旋转对象，结果如图 4-4（b）所示。

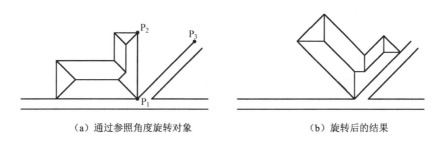

（a）通过参照角度旋转对象　　　　　　（b）旋转后的结果

图 4-4　用参照方式旋转对象

命令执行过程如下。

命令: _rotate

UCS 当前的正角方向：ANGDIR=逆时针　ANGBASE=0

选择对象：（指定旋转对象）

选择对象：（回车结束选择）

指定基点：（指定旋转的基点 P_1）

指定旋转角度，或 [复制(C)/参照(R)] <0>: R（指定参照旋转方式）

指定参照角 <0>:（捕捉到点 P_1）

指定第二点：（捕捉到点 P_2）

指定新角度或 [点(P)]：（捕捉到点 P_3）

5. 缩放复制对象 调用缩放命令的方法如下。

- 【修改】工具栏：【缩放】按钮 ⬚
- 菜单：【修改】|【缩放】命令
- 命令行：scale ✓（回车）
- 命令行：sc（简化命令）✓（回车）

在执行缩放命令时，首先选择缩放的对象，创建选择集，然后指定缩放的比例和参照方式缩放。

示例：对已知圆进行 2 次复制缩放，缩放比例因子为 1.2。

命令执行过程如下。

命令：_scale

选择对象：（选择缩放对象圆）

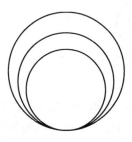

选择对象：（回车结束选择）

指定基点：（指定圆的最低象限点为缩放基点）

指定比例因子或 [复制(C)/参照(R)] <1.0000>: c（选择复制对象缩放，源对象保留）

缩放一组选定对象。

指定比例因子或 [复制(C)/参照(R)] <1.0000>: 1.2（指定缩放比例，回车结束命令）

图 4-5　按比例缩放对象

重复执行缩放命令，选择刚放大的圆为缩放对象，其余操作同上，结果如图 4-5 所示。

在不知道具体缩放比例时，可以采用参照方式缩放图形对象。只需选择要缩放的对象，指定缩放的基点，然后使用参照方式指定两段距离作为缩放比例即可。

示例：查询图 4-6 中圆的直径大小。

要想查询圆直径大小，首先得绘制出图形，绘制该图形，可以用很多方法，同学们可以有自己的方法。下面介绍一种方法：

先找出三个相切圆的圆心位置，比如作一个等边三角形（边长先定为 20），三个顶点就是三个圆心，再以边长的一半为半径做三个相切的圆。

具体操作步骤如下。

（1）确定三个圆心，绘制三个相切圆。

命令：_line 指定第一点：

指定下一点或 [放弃(U)]: 20✓（回车）

指定下一点或 [放弃(U)]: 20✓（回车）

指定下一点或 [闭合(C)/放弃(U)]:c✓（回车）

（等边三角形如图 4-7 所示。）

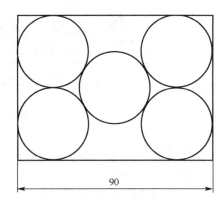

90

图 4-6　参照比例缩放

AutoCAD 简明实训教程

命令: _circle 指定圆的圆心或 [三点(3P)/两点(2P)/相切、相切、半径(T)]（选择 A 点）

指定圆的半径或 [直径(D)]: 10✓（回车）

命令:（右键重复圆命令）

命令: _circle 指定圆的圆心或 [三点(3P)/两点(2P)/相切、相切、半径(T)]:（选择 B 点）

指定圆的半径或 [直径(D)] <10.0000>:✓（回车）

命令:（右键重复圆命令）

命令: _circle 指定圆的圆心或 [三点(3P)/两点(2P)/相切、相切、半径(T)]:（选择 C 点）

指定圆的半径或 [直径(D)] <10.0000>:✓（回车）

（得出三个相切圆如图 4-8 所示。）

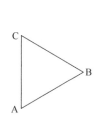

图 4-7　三个圆心点

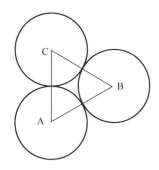

图 4-8　绘制三个相切的圆

（2）镜像圆。

命令: _mirror（镜像左边两个圆）

选择对象:（选择左边两个圆，见图 4-9）✓（回车）

指定镜像线的第一点: >>（选择右边圆的最上象限点，见图 4-10）

指定镜像线的第二点:（选择右边圆的最下象限点，见图 4-11）

是否删除源对象？[是(Y)/否(N)] <N>:✓（回车）

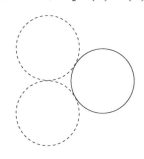

图 4-9　选择需要镜像的两个圆

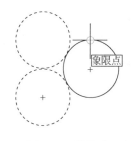

图 4-10　镜像第一点

（得到五个直径一样大的相切圆，见图 4-12。）

（3）绘制外切四边形　可以用直线命令、拉长（或延伸）、修剪等命令绘制外切的四边形，进行尺寸标注，看底边长为多少，如图 4-13 所示。

（4）缩放实现下边长为 90

命令: _scale

实训四　编辑命令的操作和使用

选择对象:（选择所有对象）✓（回车）

指定基点:（指定左下角点）

指定比例因子或 [参照(R)]: r✓（回车）

指定参照长度 <1>: 指定第二点:（分别指定左下角点和右下角点）

指定新长度: 90✓（回车）

（得到图形如图4-6所示。）

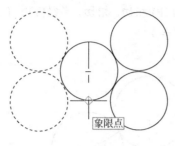

图 4-11　镜像第二点

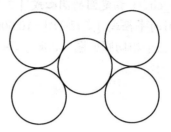

图 4-12　五个相切圆

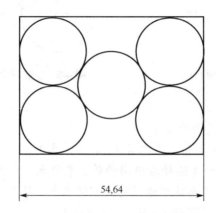

图 4-13　做出外切四边形

6. 阵列复制对象　复制多个对象并按照一定规则（间距和角度）排列称为"阵列"。阵列（array）命令可以按照环形或者矩形阵列复制对象或选择集。对于环形的阵列，可以控制复制对象的数目和决定是否旋转对象，环形阵列的方向为逆时针；对于矩形阵列，可以控制复制对象行数和列数，以及对象之间的距离，矩形阵列的方向由行数和列数的正负来决定。

调用阵列命令的方法如下。

- 【修改】工具栏:【阵列】按钮 🔠
- 菜单:【修改】|【阵列】命令
- 命令行：array ✓（回车）
- 命令行：ar（简化命令）✓（回车）

（1）创建矩形阵列　工程图中常有一些图形呈矩形阵列排列，只要绘制其中一个单元，找准阵列之间的几何关系，就可以轻松地创建阵列对象。

矩形阵列的操作步骤如下。

1）在【修改】工具栏中单击【阵列】按钮，激活阵列命令，出现【阵列】对话框，选择"矩形阵列"选项，如图 4-14 所示。

图 4-14　设置阵列的参数

2）在【阵列】对话框中单击【选择对象】按钮，系统切换到绘图界面，用窗口方式将需要阵列的图形选择出来。

3）返回【阵列】对话框，分别设置"行数"、"列数"、"行偏移"和"列偏移"。

4）单击【预览】按钮，图形窗口显示当前参数下的阵列效果，单击【接受】按钮，完成矩形阵列。

（2）创建环形阵列　环形阵列是指复制多个图形并按照指定的中心进行环形排列的操作。

示例：以图 4-15 所示的小圆和六边形为原始图形，进行环形阵列操作。

1）在【修改】工具栏中单击【阵列】按钮，打开【阵列】对话框，选择"环形阵列"选项。

2）在【阵列】对话框中，单击【选择对象】按钮，选择小圆、六边形及中心线。

3）返回【阵列】对话框，单击"中心点"选项区域的【拾取中心点】按钮，选择环形阵列的中心（大圆圆心），设置"项目总数"为 6，"填充角度"为 180°，如图 4-16 所示。

4）如果让选择对象按照旋转角度复制，应勾选"复制时旋转项目"复选框。

5）单击【预览】按钮，观察阵列的结果，单击【接受】按钮，阵列结果如图 4-17（b）所示。

如果没有勾选"复制时旋转项目"复选框，则结果如图 4-17（a）所示；如果勾选"复制时旋转项目"复选框，则结果如图 4-17（b）所示。

实训四　编辑命令的操作和使用

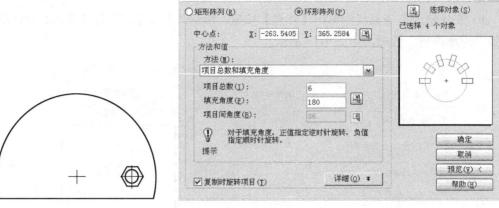

图 4-15　环形阵列　　　　　　　　　图 4-16　设置环形阵列的参数

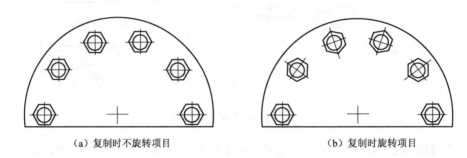

（a）复制时不旋转项目　　　　　　　　　（b）复制时旋转项目

图 4-17　环形阵列

二、图形的偏移、修剪、延伸、拉长和拉伸

1．偏移图形　偏移图形是创建一个与选定对象平行并保持等距离的新对象。在工程设计中经常使用此命令创建轴线、墙体或等距的图形。例如，通过偏移命令将定位线条或辅助线条进行准确的定位，这样可以精确高效地绘图。可以偏移的对象包括直线、圆弧、圆、二维多段线、椭圆弧、构造线、射线和样条曲线。

用此命令可以按指定的距离通过指定偏移的侧面创建同心圆。调用偏移命令的方法如下。

- 【修改】工具栏：【偏移】按钮 ⏣
- 菜单：【修改】|【偏移】命令
- 命令行：offset ✓（回车）
- 命令行：o（简化命令）✓（回车）

执行偏移命令的过程如下。

（1）在【修改】工具栏中单击【偏移】按钮。

（2）用鼠标指定偏移距离或输入一个偏移值。

（3）选择要偏移的对象，在要偏移的对象的一侧指定点，以确定偏移产生的新对象位于被偏移对象的哪一侧。

（4）选择另一个偏移的对象或结束命令。

2．修剪对象　调用修剪命令的方法如下。

- 【修改】工具栏：【修剪】按钮 ⼀⼀
- 菜单：【修改】工具栏 |【修剪】命令
- 命令行：trim ↙（回车）
- 命令行：tr（简化命令）↙（回车）

执行修剪命令的过程如下。

（1）在【修改】工具栏中单击【修剪】按钮。

（2）选择修剪边界，可以指定一个或多个对象作为修剪边界。作为修剪边界的对象同时也可以作为被修剪的对象，或直接按回车键将图形中全部对象都作为修剪边界。

（3）选择要修剪掉的部分。

3．延伸对象　延伸对象和修剪对象的作用正好相反，可以将对象精确地延伸到其他对象定义的边界。该命令的操作过程和修剪命令很相似。另外，在修剪命令中按住【Shift】键可以执行延伸命令，同样，在延伸命令中按住【Shift】键也可以执行修剪命令。

调用延伸命令的方法如下。

- 【修改】工具栏：【延伸】按钮 ⼀⼁
- 菜单：【修改】|【延伸】命令
- 命令行：extend ↙（回车）
- 命令行：ex（简化命令）↙（回车）

执行延伸命令的过程如下。

（1）在【修改】工具栏中单击【延伸】按钮。

（2）选择延伸的边界，可以选择一个或多个对象作为延伸边界。作为延伸边界的对象同时也可以作为被延伸的对象，或直接按回车键将图形中全部对象都作为延伸边界。

（3）选择要延伸的对象。

延伸命令中各选项含义同修剪命令，不再赘述。

选择延伸对象是从靠近选择对象的拾取点一端开始延伸，对象要延伸的那端按其初始方向延伸（如果是直线段，则按直线方向延伸，圆弧段则按圆周的方向延伸），一直到与最靠近的边界相交为止。

4．拉长

- 菜单：【修改】|【拉长】命令
- 命令行：lengthen↙（回车）

命令提示如下。

命令: _lengthen

选择对象或 [增量(DE)/百分数(P)/全部(T)/动态(DY)]:

根据绘图需要进行选择。如图 4-18 所示为拉长示例。

5．拉伸

- 菜单：【修改】|【拉伸】命令
- 命令行：stretch↙（回车）

图 4-19 为拉伸示例。

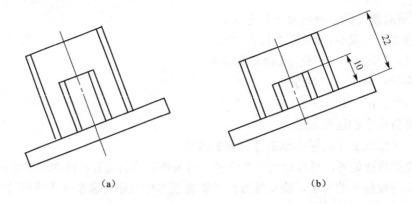

（a）　　　　　　　　　　　（b）

图 4-18　"全部"拉长

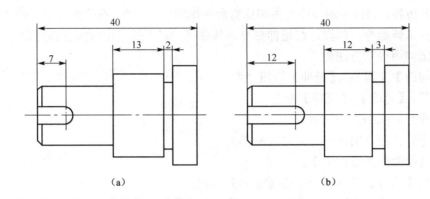

（a）　　　　　　　　　　　（b）

图 4-19　拉伸

三、打断

1. 打断于点

【修改】工具栏:【打断于点】按钮 ▢

菜单:【修改】|【打断】命令

命令行: break↙（回车）

打断于点一般用于把一段线段打断为两部分,如图 4-20,打断以后可以拾取其中一部分,另一部分不受影响。

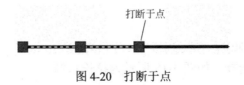

图 4-20　打断于点

2. 打断

- 【修改】工具栏:【打断】按钮 ▢
- 菜单:【修改】|【打断】命令
- 命令行: break↙（回车）

打断一般用于把线段截去一部分，而截去部分为两个打断点之间的部分，如图 4-21 所示。

图 4-21　打断

四、倒角和圆角

1．倒角

- 【修改】工具栏：【倒角】按钮 ∕
- 菜单：【修改】|【倒角】命令
- 命令行：chamfer ∕（回车）

作图提示如下。

命令: _chamfer

（"修剪"模式）当前倒角距离 1 = 0.0000，距离 2 = 0.0000

选择第一条直线或 [多段线(P)/距离(D)/角度(A)/修剪(T)/方式(M)/多个(U)]: d ∕（回车）

指定第一个倒角距离 <0.0000>: 5（输入倒角距离）∕（回车）

指定第二个倒角距离 <5.0000>:∕（回车）

选择第一条直线或 [多段线(P)/距离(D)/角度(A)/修剪(T)/方式(M)/多个(U)]: u ∕（回车）

选择第一条直线或 [多段线(P)/距离(D)/角度(A)/修剪(T)/方式(M)/多个(U)]:

选择第二条直线:[可以重复多个倒角，并且可以设置修剪或者不修剪，如图 4-22(b)、(c)分别为修剪和不修剪两种情况]

（a）未倒角　　　　　　　（b）倒角并修剪　　　　　　　（c）倒角不修剪

图 4-22　倒角

2．圆角

- 【修改】工具栏：【圆角】按钮 ∕
- 菜单：【修改】|【圆角】命令
- 命令行：fillet ∕（回车）

命令: _fillet

当前设置: 模式 = 修剪，半径 = 0.0000

实训四　编辑命令的操作和使用

选择第一个对象或 [多段线(P)/半径(R)/修剪(T)/多个(U)]: r ↙（回车）

指定圆角半径 <0.0000>: 5 ↙（回车）

选择第一个对象或 [多段线(P)/半径(R)/修剪(T)/多个(U)]: u ↙（回车）

选择第一个对象或 [多段线(P)/半径(R)/修剪(T)/多个(U)]:

选择第二个对象:

选择第一个对象或 [多段线(P)/半径(R)/修剪(T)/多个(U)]:

选择第二个对象: [可以重复多个圆角，并且可以设置修剪或者不修剪，如图 4-23(b)、(c)分别为修剪和不修剪两种情况]

（a）未导圆　　　　（b）圆角并修剪　　　　（c）圆角不修剪

图 4-23　圆角

五、分解

- 【修改】工具栏：【分解】按钮
- 菜单：【修改】|【分解】命令
- 命令行：　x（简化命令）↙（回车）

在了解了 AutoCAD 的绘制及修改图形的基本方法后，通过综合练习可以让我们学会如何灵活运用各种作图方法，提高实际绘图的能力。

练习

练习 4-1　利用画圆命令中的 2P
　　　　　选项绘制

练习 4-2　正多边形、三点画弧、
　　　　　环形阵列

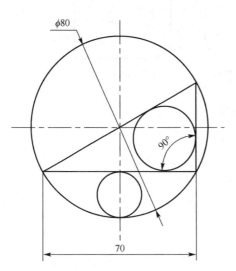

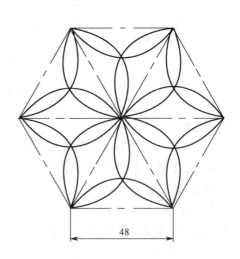

练习 4-3 圆、多边形、环形阵列

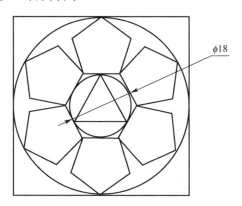

练习 4-4 利用旋转、移动命令绘制

练习 4-5 利用缩放（Zoom）命令中的（R）选项进行绘制

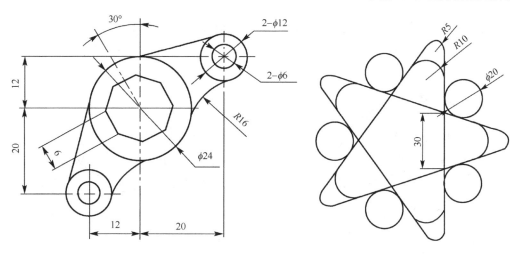

练习 4-6 倒角、图案填充

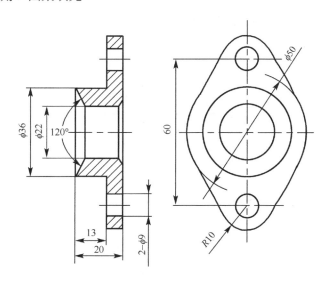

练习 4-7 利用圆命令、环形阵列命令

练习 4-8 利用圆、环形阵列命令

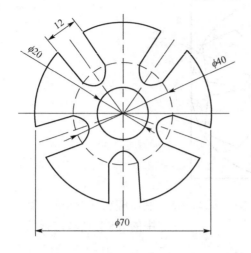

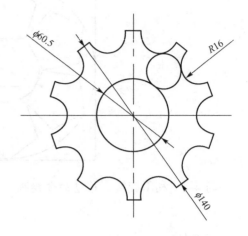

练习 4-9 定数等分、三点圆弧、环形阵列

练习 4-10 定数等分、三点圆弧、环形阵列

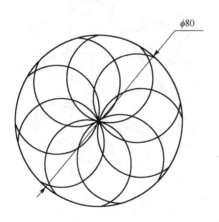

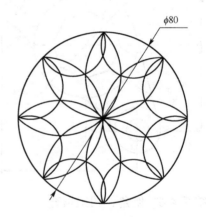

练习 4-11 定数等分、三点圆弧、环形阵列

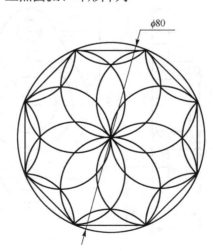

AutoCAD 简明实训教程

练习 4-12　复制、拉伸

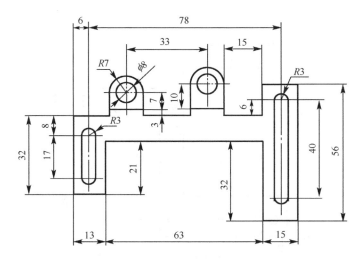

练习 4-13　矩形阵列、圆角

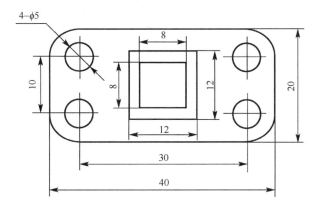

练习 4-14　矩形阵列

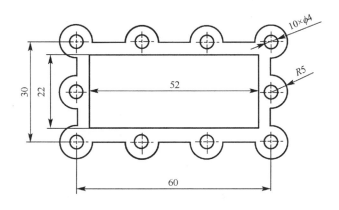

练习 4-15　镜像

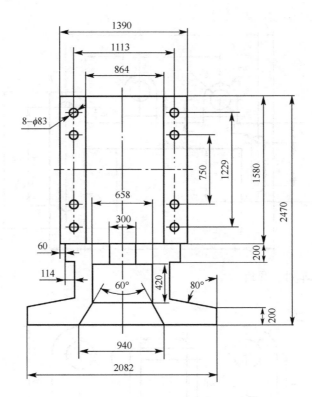

练习 4-16　圆角、倒角

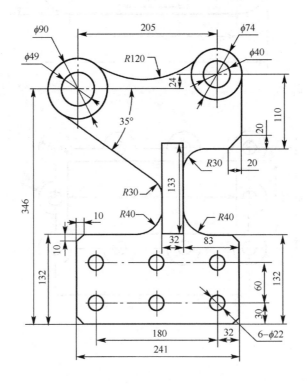

AutoCAD 简明实训教程

练习 4-17 镜像

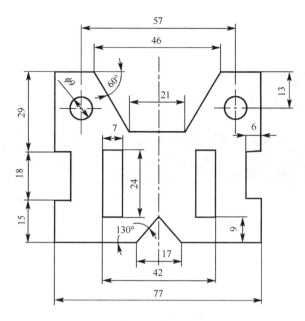

练习 4-18 倒角、样条曲线、图案填充

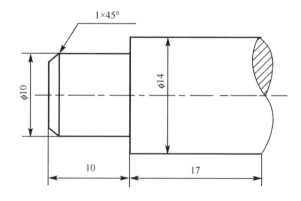

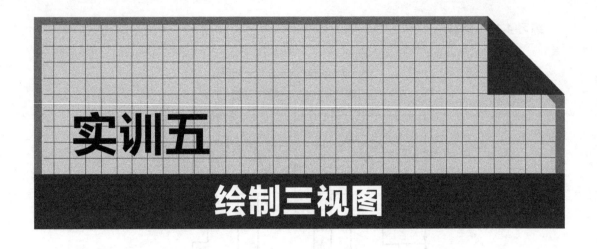

实训五

绘制三视图

实训目的

1）习图层的建立，设置当前层及线型的加载，线型、颜色的设定。
2）继续练习绘图命令及编辑命令的操作方法。
3）练习精确绘图工具的使用。

实训步骤如下。

一、设置绘图环境

（1）设置图纸幅面 A3(297×420)。

（2）设置栅格和捕捉。

（3）设置图层、颜色、线型及线型的加载。

（4）画图幅线、边框线。

（5）存成模板文件(*. dwt)或打开已存的模板文件。

二、绘制图形

根据课时情况选择练习 5-1 至练习 5-12 中的三视图进行绘制。

（1）选当前层，用点画线布图、定位；

（2）选实线层，用偏移按尺寸确定图形轮廓；

（3）用偏移命令、直线命令等绘图，同时打开对象捕捉和对象追踪命令绘制视图，以保证长对正、高平齐、宽相等的三等关系，完成后修剪、删除多余的辅助线；

（4）选虚线层，绘制视图中的虚线，也可以用特性匹配修改线型；

（5）依次绘制其他视图。

注意绘图前，应先对图形进行分析，主要分析确定平面图形上几何元素的大小尺寸，以及几何元素位置的尺寸。明确哪些是已知线段（形状尺寸和位置尺寸都已知，即知道位置在哪，知道大小是多少），哪些是连接线段（只有形状尺寸已知，但位置未知）。

练习 5-1

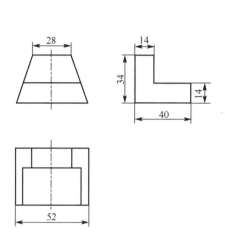

练习 5-2

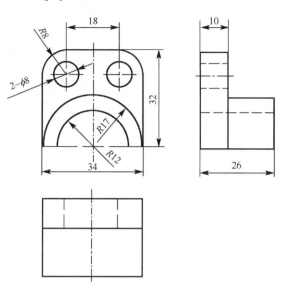

练习 5-3

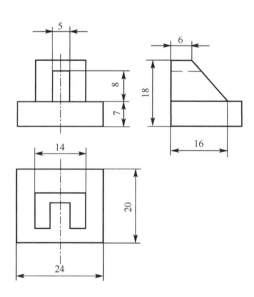

练习 5-4

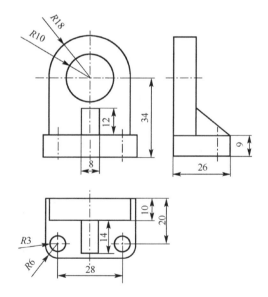

练习 5-5

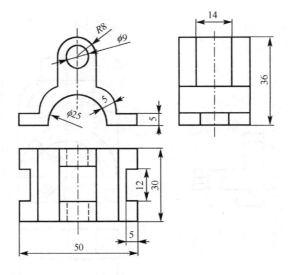

练习 5-6

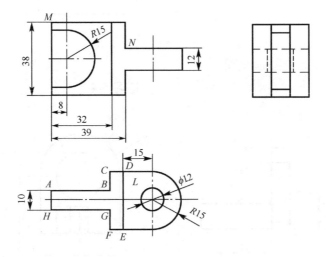

练习 5-7

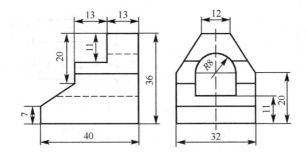

AutoCAD 简明实训教程

练习 5-8

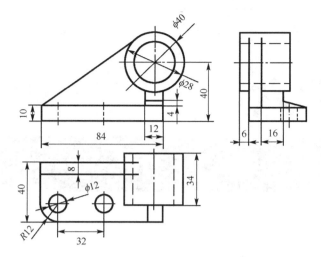

练习 5-9

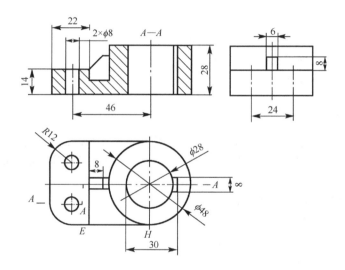

练习 5-10

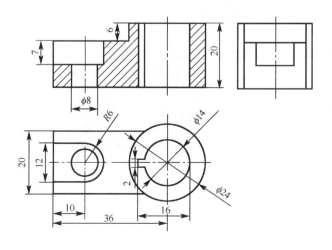

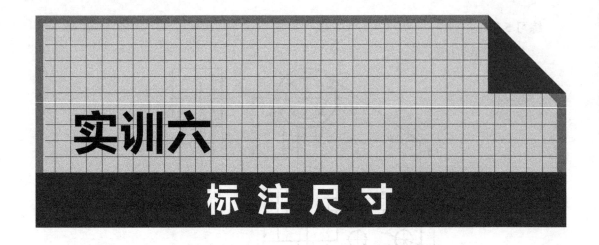

实训六

标 注 尺 寸

1）练习尺寸参数的设置和尺寸标注命令的使用。

2）尺寸公差和形位公差的标注方法。

3）掌握尺寸的编辑方法。

一、尺寸标注样式的建立

与文字标注相似，进行尺寸标注时，各种类型的尺寸标注的布局和外观都是由尺寸标注样式控制的，如文本的高度和位置、尺寸线偏移标注对象的距离、箭头的大小和样式等。系统默认使用的标注样式是 IS0-25，如图 6-1 所示。

1. 调用尺寸标注样式　在 Auto CAD 中尺寸标注样式可以通过三种方式来调用：

- 单击主菜单 【格式】|【标注样式】选项
- 单击【标注】工具栏中的"标注样式"图标
- 命令行：dimstyle

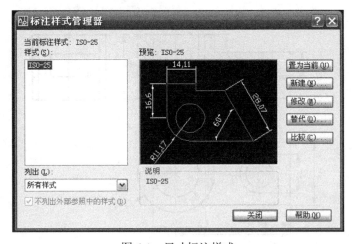

图 6-1　尺寸标注样式

2．调整尺寸数字的显示大小　在进行尺寸标注之前，一般都需要根据实际需要，在系统默认使用的 ISO-25 尺寸标注样式基础上设置符合机械绘图标准的一种或几种尺寸标注样式。一般根据图形大小只需要修改【调整】选项卡中全局比例因子，将其改为合适大小即可，如图 6-2 所示。

图 6-2　调整尺寸数字的显示大小

例如将图 6-3(a)中的全局比例因子修改为 1.5，得到 6-3(b)图。

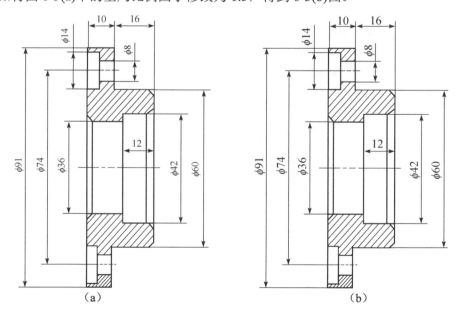

图 6-3　调整全局比例因子

3．修改直线和箭头 可以对尺寸标注的箭头大小、尺寸线超出大小、文字大小、文字的对齐方式、单位、精度等等进行设置，分别点击其中的"直线和箭头"、"文字"、"主单位"、"换算单位"、"公差"根据需要进行设置即可，如图 6-4 所示，其他不再赘述。

图 6-4　修改直线和箭头

二、尺寸标注操作命令的调用及标注

1．尺寸标注操作命令的调用 设置好尺寸标注样式，就可以进行尺寸标注了。进行尺寸标注时系统会自动读取图形对象上的真实尺寸，并且在尺寸线上给出正确的尺寸文本，我们也可以输入需要的尺寸。

在 Auto CAD 中尺寸标注命令可以通过三种方式来调用：

- 单击主菜单【标注】中相应的选项
- 单击【标注】工具栏中的相应的图标
- 在命令行直接键入命令

图 6-5 和图 6-6 分别为标注工具栏和标注菜单。

2．基本尺寸标注示例 标注示例如图 6-7 所示。

图 6-5　标注工具栏

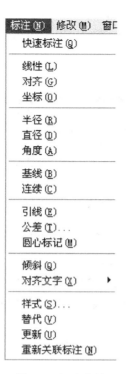

图 6-6　标注菜单

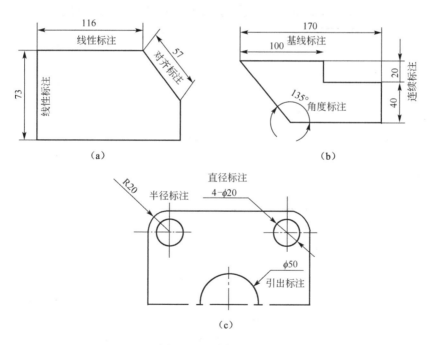

图 6-7　尺寸标注示例

3．尺寸公差及带有前后缀的尺寸的标注　可以用多行文字编辑器来标注尺寸公差和前后缀，并且要根据实训二讲到的特殊符号的输入方法，标注时，先按图中选定的尺寸样式进行标注，然后打开多行文字编辑器，如图 6-8 所示，添加前后缀或利用堆栈文本标注公差。例如标注$\phi 30{\binom{+0.021}{0}}$，就需要输入"%%c30（+0.021^0）"，然后选中括号里面部分，点击堆叠符号$\dfrac{a}{b}$，即得到上下偏差标注。

图 6-8　标注尺寸公差

在标注的过程中，可以不必不断修改尺寸标注样式。等标注完尺寸后，对需要添加公差及带有前后缀的尺寸进行修改即可。

4. 标注形位公差　使用【引线】命令来标注形位公差。

单击【标注】工具栏中的【快速引线】按钮或尺寸标注工具栏中【快速引线】按钮 。

指定引线起点或[设置(S)]<设置>：✓（回车）。

打开【引线设置】对话框，选择【注释】选项卡，在【注释类型】区域中选择【公差】复选框，如图 6-9 所示。

图 6-9　引线设置

选定引出点后打开形位公差对话框，如图 6-10 所示。

5. 绘制基准代号　基准代号由基准符号、方框、连线和字母组成。基准符号用黑三角形表示，连线和方框都是细实线；方框内的字母为基准字母，它一直保持水平方向，如图 6-11（a）所示。旧标准基准代号如图 6-11（b）所示，由基准符号、圆圈、连线和字母组成。基准符号用加粗的短线；圆圈和连线均为细实线；圆圈内的字母为基准字母，也必须保持水平方向。

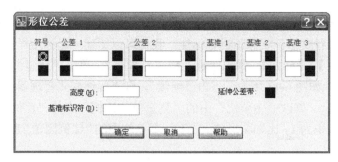

图 6-10　形位公差

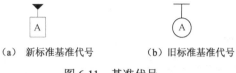

（a）新标准基准代号　　　　（b）旧标准基准代号

图 6-11　基准代号

如果需要标注的基准代号比较多，就可以将基准代号定义为带属性的块。

三、编辑尺寸标注

1. 尺寸数字的修改　需要注意的是，如果画图不准确，则标注的尺寸数字就不正确，此时可以在命令提示行重新输入，具体做法是：

标注时命令提示行会出现

[多行文字(M)/文字(T)/角度(A)]：*取消*

此时输入"M"或"T"，直接输入需要的尺寸就可以。

还可以通过主菜单【修改】|【特性】对所标注的尺寸、箭头大小、线型、文字等等进行修改，这是一个很好用的修改方法。

具体做法是双击标注，弹出【特性】对话框，进行修改就可以。

图 6-12 是修改标注文字图例。

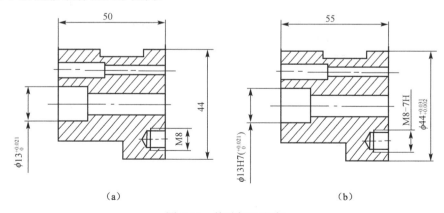

图 6-12　修改标注文字

2. 缩放图形的尺寸标注　如果对已绘制的图形进行放大或缩小，已经标注了的尺寸数字也会跟着放大或缩小，重新标注时，尺寸数字也是放大或者缩小了的，这是不合理的，图样上标注的尺寸必须是机件的实际大小，要改变所有的尺寸数字而又不需要一个一个进入"文字"或"多行文字"状态下进行标注，我们可以新建一个标注样式，具体做法是：

主菜单【标注】|【样式】，弹出"标注样式管理器"，单击"新建"，系统默认样式名为"副本 ISO-25"，如图 6-13 所示，点击"继续"，则"标注样式管理器中"会出现新建副本，如图 6-14 所示。修改"主单位"中的"测量单位比例"中的"比例因子"，让比例因子和缩放比例的乘积为 1，比如图形放大 2 倍，主单位中的"比例因子"就是 0.5，如图 6-15 所示。

图 6-13　新标注样式

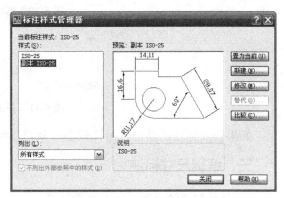

图 6-14　新建标注样式

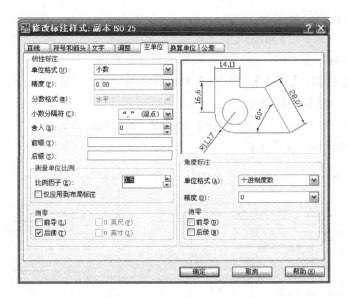

图 6-15　修改测量比例因子

在【样式】或【标注】工具栏中选择新建的样式，如图 6-16、图 6-17 所示。在该样式下进行标注，结果就是机件的实际大小了。

需要注意的是，在【标注】工具栏或者【样式】工具栏下选择新建副本效果是等同的，选择一个另一个也会跟着变化。

图 6-16 标注工具栏中选择新建样式

图 6-17 样式工具栏中选择新建样式

3. 修改已缩放图形的尺寸数字 对已经标注了的全图尺寸可以用图 6-3 所示的调整全局比例因子的方法进行调整，如果是单个尺寸，或者比较少的尺寸，就可以用标注更新的方式直接变换，举例说明具体做法。

如图 6-18（b）为放大了的图形，尺寸数字也一样放大，要把 60 改变回 30，点击数字为 60 的标注，标注变虚，此时在【标注】工具栏中"标注样式控制"中选择"副本 ISO-25"，然后点击"标注更新"按钮 ，结果如图 6-19 所示。

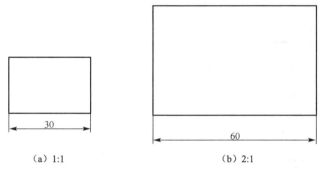

（a）1:1 　　　　　　　　　　　　　　（b）2:1

图 6-18 图形放大后尺寸数字也放大

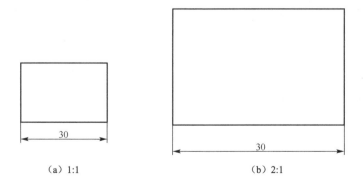

（a）1:1 　　　　　　　　　　　　　　（b）2:1

图 6-19 标注更新后的尺寸数字

练习 6-1　线型标注，连续标注

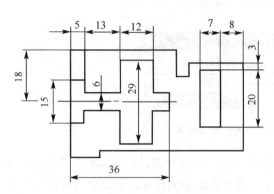

练习 6-2　对齐标注、角度标注、半径标注

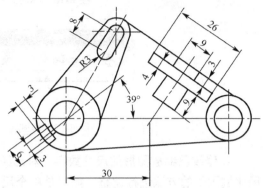

练习 6-3　利用线型标注中"T"给文字加前缀

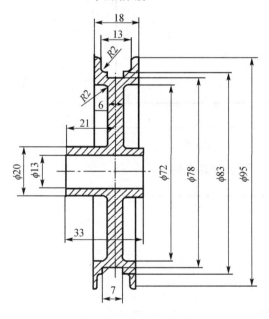

练习 6-4　引线标注

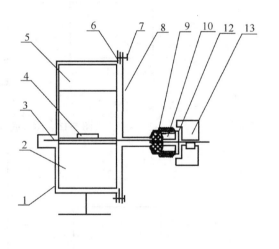

练习 6-5 尺寸公差标注

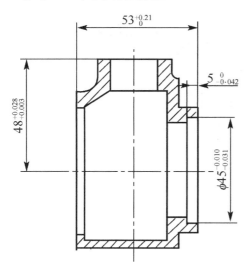

练习 6-6 尺寸公差标注

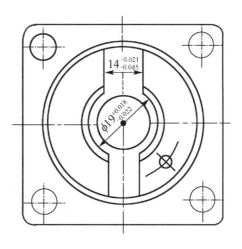

练习 6-7 基线标注和连续标注

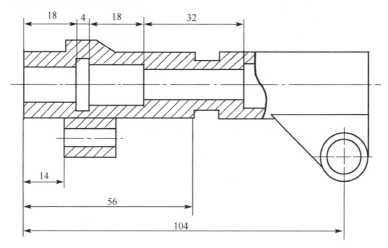

练习 6-8 引线标注

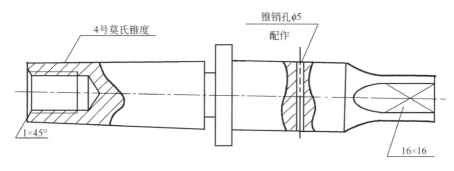

练习 6-9 形位公差标注

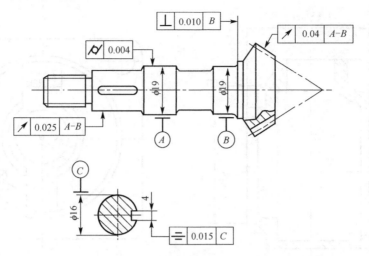

练习 6-10 形位公差标注

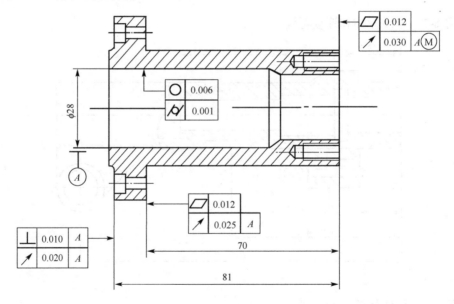

实训七

块 的 应 用

实训目的

1）练习块的属性定义和块的创建。

2）练习块的插入，主要是旋转方向以后文字的变换。

以块在表面粗糙度标注中的应用具体说明如何在绘图中使用块。

一、新标准粗糙度符号的插入

因为表面粗糙度标注除符号外，还带有参数代号、参数值及文字说明，所以可以把它做成属性块。如图 7-1（a）所示，在块的定义及插入过程中，应该注意贯彻国家标准中有关数据的规定。以字高 h 为基础，对应的线宽及符号高度见表 7-1。

表 7-1　粗糙度符号比例尺寸

轮廓线的线宽	b	0.5	0.7	1
数字与大写字母（或和小写字母）的高度	h	12.5	5	7
符号的线宽	d'	0.35	0.5	0.7
数字和字母的笔画宽度	d	0.35	0.5	0.7
符号高度	H_1	5	7	11
符号高度	H_2	11	15	21

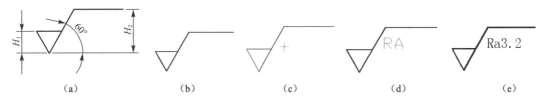

图 7-1　块在表面粗糙度标注中的应用

参考操作步骤如下。

（1）设置绘图环境，建立新层，名称、颜色自定，线型为连续线。

（2）绘制粗糙度符号　可以根据设置极轴角度用直线绘制；也可以用构造线方法绘制。

（3）定义属性　单击【绘图】菜单中【块】级联菜单的【定义属性】菜单项，打开属性定义对话框，如图 7-2，定义属性：在标记一栏中键入 Ra，任意给定一个粗糙度值，其他取默认值。单击"拾取点"按钮，在恰当处拾取点［取图 7-1(c)小十字光标处］，再次弹出对话框，单击【确定】按钮，图将变成如图 7-1(d)所示。

（4）创建块　单击【绘图】|【块】|【创建】子菜单项，或者单击绘图工具栏中创建块按钮 ，弹出对话框如图 7-3 所示，给定一个名称，如"粗糙度"。点击"选择对象"按钮，全选图 7-1（d），然后点击"拾取点"，选择图 7-1(d)最下顶点，弹出"编辑属性"对话框，如图 7-4 所示，输入 Ra 值，假如为 Ra6.3，完成后点击确定,此时图形变成 7-1(e)所示。

图 7-2　定义属性

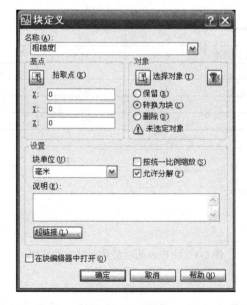

图 7-3　块定义

图 7-4 编辑属性

（5）插入块 单击【插入】|【块】，弹出插入对话框。如图 7-5 所示，在名称中选择"粗糙度"（也可以命名其他名称），根据图像需要，选择插入点、旋转角度和缩放比例，单击确定，此时命令行提示 $\frac{输入属性值}{RA<3.2>:}$，输入需要的数值(比如输入 Ra3.2)就可以了。

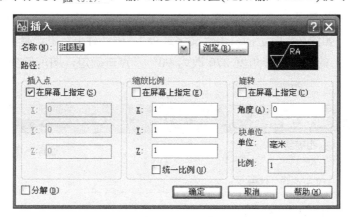

图 7-5 插入块

标注示例见练习 7-1，其中左表面的标注，即值为 Ra1.6 的标注为插入时旋转 90°。

二、旧标准粗糙度符号的插入

很多时候会出现旧标准的标注，旧标准粗糙度符号如图 7-6 所示，标注方法和新标准符号的标注方法大同小异，有时 CAD 的考试会有旧标准标注的情况，下面简单说说新旧标准标注的不同之处。教师可以根据实际需要进行讲解。

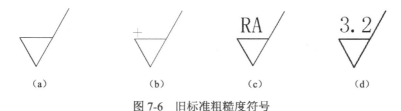

（a）　　　　　　（b）　　　　　　（c）　　　　　　（d）

图 7-6 旧标准粗糙度符号

操作步骤和新标准大同小异，下面讲讲不同之处，图 7-6（a）为粗糙度符号，步骤（3）定义属性时，拾取点拾取为 7-6(b)所示十字光标处，定义属性后图形将变成 7-6(c)所示。步骤（4）创建块后图形将变成 7-6(d)所示。

在步骤（5）插入块时，旧标准将比较复杂一些，插入块时，右表面和下表面的粗糙度会出现文字方向错误现象，如图 7-7（a）所示，1.6 和 0.8 的文字方向都是错误的。必须要改变文字方向，具体方法是：

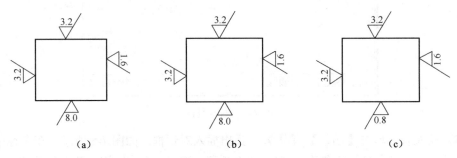

图 7-7　旋转插入块时文字方向和修改后的文字方向

双击需要改变的符号，比如要改变数字为 1.6 的标注，双击符号，会出现"增强属性编辑器"对话框，如图 7-8 所示，点击"文字选项"，在"对正"下选择"右上"，1.6 的文字应该是旋转 90°的，把旋转角度 270 改为 90°，点击确定，图形就变成如图 7-7（b）所示。

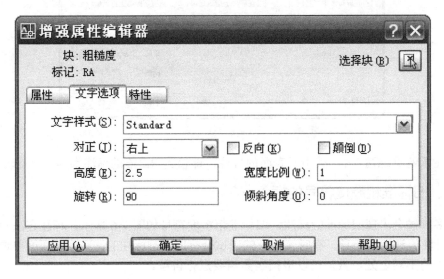

图 7-8　数字为 1.6 的文字修改

同样要改变数字为 0.8 的标注，双击符号，在"文字选项"中，对正还是选择"右上"，旋转角度 180 改为 0，如图 7-9 所示，点击确定，改变后的图形如图 7-7(c)所示。

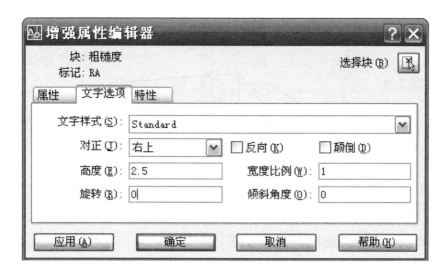

图 7-9　数字为 0.8 的文字修改

练习

练习 7-1　将表面粗糙度符号定义为块

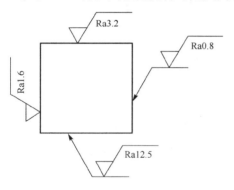

练习 7-2　将粗糙度符号定义为块

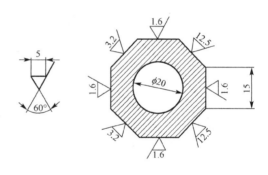

练习 7-3　绘制下列电路图（尺寸自定）

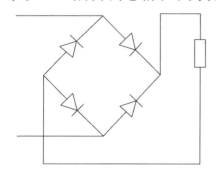

练习 7-4　将斜度符号定义为块

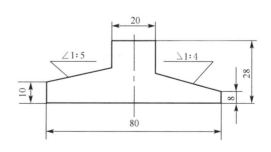

练习 7-5 将锥度符号定义为块

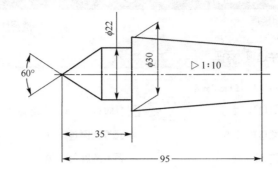

练习 7-6 利用图块功能将螺钉插入到图形中

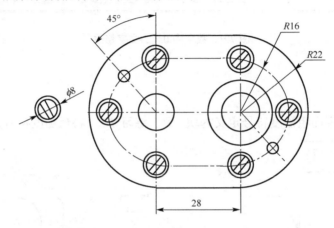

练习 7-7 取螺栓公称直径 d=10mm，画图并将其定义成四个图块，如图 b1、b2、b3、b4，并取适当比例和角度，插入到练习 7-8、练习 7-9 图中。

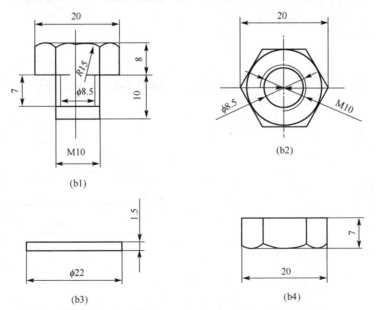

练习 7-8

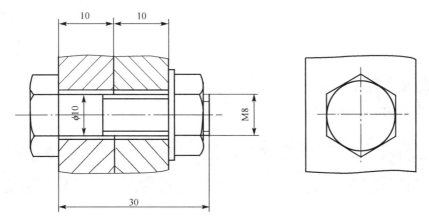

练习 7-9

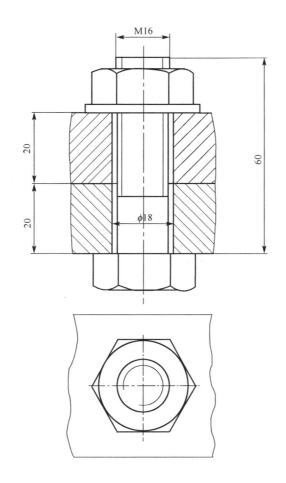

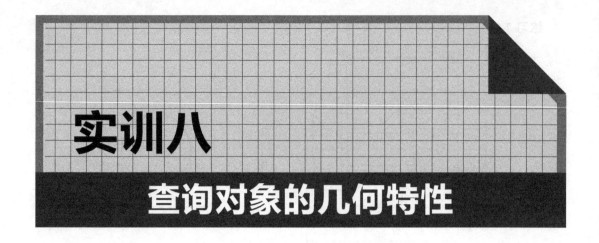

实训八

查询对象的几何特性

1）掌握距离、面积、点坐标、列表显示等查询命令。

2）掌握"面域"的构造，针对图形特征分别使用"并集"、"差集"、"交集"命令查询面积。

3）综合使用各种"绘图"、"修改"、"图形的辅助定位"命令绘制复杂二维图形。

"查询"命令的调用：【工具】|【查询】——距离、面积、列表显示、点坐标。

对于面积和周长的查询，要先把图形编辑成多段线或面域，可使用面积和列表显示。查询点的坐标可使用点坐标；查询两点的距离可使用距离。查询半径(直径)或角度可直接进行尺寸标注。

下面通过示例说明查询方法。

示例：按照要求绘制图 8-1，并求阴影部分面积（保留三位小数）。

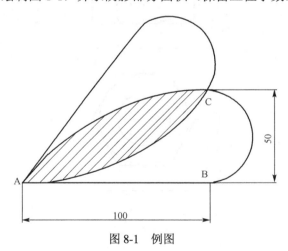

图 8-1 例图

参考作图步骤如下。

（1）利用所学"绘图"、"修改"命令正确绘制图 本图需要应用构造线命令绘制，具体步骤如下。

　　① 绘制 ABCA　ABCA 的绘制要用到构造线命令。

命令: _pline

指定起点: （左下角 A 点）

指定下一个点或 [圆弧(A)/半宽(H)/长度(L)/放弃(U)/宽度(W)]: 100　（打开正交，用鼠标指示方向，待水平追踪出来后输入距离值，给定 B 点）

指定下一点或 [圆弧(A)/闭合(C)/半宽(H)/长度(L)/放弃(U)/宽度(W)]: a　（绘制圆弧）

指定圆弧的端点或

[角度(A)/圆心(CE)/闭合(CL)/方向(D)/半宽(H)/直线(L)/半径(R)/第二个点(S)/放弃(U)/宽度(W)]:　<正交 开> 50　（打开正交，用鼠标指示方向，待垂直追踪出来后输入距离值 50，绘制距离为 50 的圆弧 BC）

指定圆弧的端点或

[角度(A)/圆心(CE)/闭合(CL)/方向(D)/半宽(H)/直线(L)/半径(R)/第二个点(S)/放弃(U)/宽度(W)]: cl　✓（回车）（闭合构造线）得到图形 8-2。

② 镜像图形　镜像 ABCA 图形。

命令: _mirror　（镜像）

选择对象: （全选构造线绘制的 ABCA 线）✓（回车）

指定镜像线的第一点: （选择 A 点）

指定镜像线的第二点: （选择 C 点），

是否删除源对象? [是(Y)/否(N)] <N>: ✓（回车）得到图形 8-3。

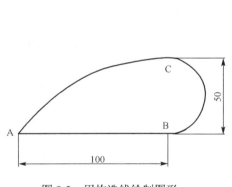

图 8-2　用构造线绘制图形

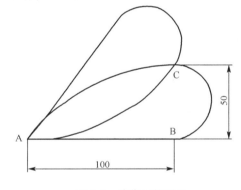

图 8-3　镜像后的图形

　　（2）精度的设置　一般根据图形精度要求进行设置，设置方法为：单击【格式】|【单位】菜单命令，打开"图形单位"对话框，将长度、角度单位均设置成小数点后三位。

　　（3）查询面积　面积的查询一般把需要查询面积部分建成面域，最简单的方法是把多余线段修剪了，剩余部分创建成面域，再查询，具体做法如下。

　　① 分解多段线然后修剪得到阴影部分图形为图 8-4。

　　② 创建面域。

图 8-4　阴影部分图形

实训八　查询对象的几何特性

命令: _region

选择对象:（全选图 8-4 部分）

已提取 1 个环。

已创建 1 个面域。

③ 查询面积。

单击【工具】|【查询】|【面积】菜单命令。

命令: _area

指定第一个角点或 [对象(O)/加(A)/减(S)]: o ✓（回车）

选择对象:（选择刚才创建的面域）✓（回车）

面积 = 1988.988，周长 = 231.824（查询结果）

有时候面积查询需要进行差集或并集进行操作，下面举例说明。

示例：按照要求绘制图 8-5，利用"查询"命令回答问题（单位设置为小数点后三位）。

（1）R60 的弧长为:（100.928）

（2）阴影部分面积为:（1487.241）

（3）小圆半径为:（17.391）

（4）R70 弧包含角为:（121.588）

（5）A 点坐标为:（136.667，89.628）

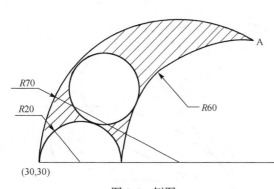

图 8-5 例图

参考操作步骤如下。

（1）利用所学"绘图"、"修改"命令正确绘制图

（2）精度的设置 一般根据图形精度要求进行设置，设置方法为：单击【格式】|【单位】菜单命令，打开"图形单位"对话框，将长度、角度单位均设置成小数点后三位。

（3）弧长的查询

① 单击【工具】|【查询】|【列表显示】菜单命令，或直接在命令行输入"LIST"命令。

② 单击图中半径为 60 的圆弧，命令行显示对应的长度 100.928。

（4）阴影部分面积的查询

① 构建面域：单击【绘图】|【面域】菜单命令，用窗口将图形全部选上，命令行提示已提取两个环，按 Enter 键，即可生成面域。

② 布尔操作，生成所需差集。

a．单击【修改】|【实体编辑】|【差集】菜单命令。

b．Subtract 选择要从中减去的实体或面域：选取图形外轮廓线组成的封闭图形，✓（回车）。

c．选择要减去的实体或面域：选取圆，按 Enter 键。（即可生成图中阴影部分所示的差集。）

③ 单击【工具】|【查询】|【列表显示】菜单命令，单击面域轮廓，命令行显示对应的面积为 1487.24l。

（5）半径或角度的查询　可以采用尺寸标注中的半径和角度标注直接得出结果。但需在标注样式中将主单位中精度设置为小数点后三位。

（6）执行查询点位置

① 单击【工具】|【查询】|【点坐标】菜单命令，或在命令行直接输入"ID"命令。

② 指定点：选定 A 点。

③ 命令行显示：x=136.667，　　y=89.628，　　z=0.0000(查询结果)

练习

练习 8-1　将长度和角度精度设置为小数点后三位，绘制以下图形，A 点坐标为（　　）？

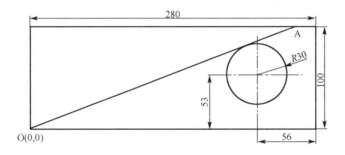

A.（249.246，100）　　　　B.（274.246，90.478）
C.（263.246，100）　　　　D.（269.246，109.478）
答案：C

练习 8-2　将长度精度设置为小数点后三位，绘制以下图形，则 A 点坐标为（　　）？

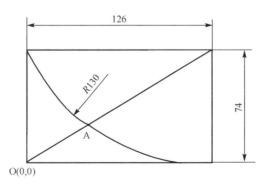

A.（44.379，34.302）　　　　B.（51.379，44.302）
C.（41.379，24.302）　　　　D.（31.379，22.302）
答案：C

练习 8-3 将长度和角度精度设置为小数点后三位，绘制以下图形，点 A 坐标为（   ）？

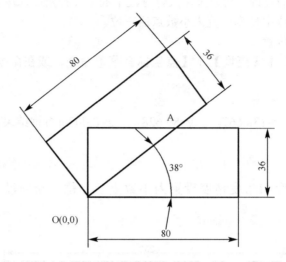

A.（41.078，30.000）　　B.（50.078，40.472）

C.（46.078，36.000）　　D.（56.078，47.048）

答案：C

练习 8-4 将长度精度设置为小数点后三位，绘制以下图形，AB 长度为（   ）？

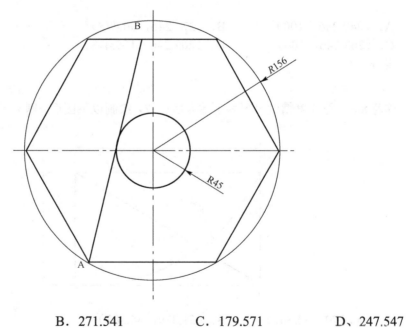

A. 277.571　　　　B. 271.541　　　　C. 179.571　　　　D、247.547

答案：A

AutoCAD 简明实训教程

练习 8-5 将长度和角度精度设置为小数点后三位，绘制以下图形，阴影面积和周长
为（　　）？

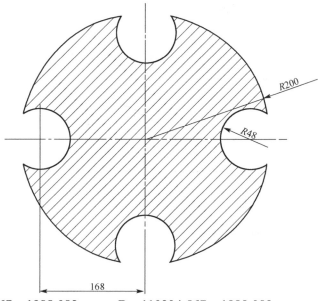

A. 120237.567，1988.082 　B. 110234.567，1888.082
C. 100230.567，1788.082 　D. 100239.596，1778.587
答案：C

练习 8-6 将长度和角度精度设置为小数点后三位，绘制以下图形，阴影面积和周长
为（　　）？

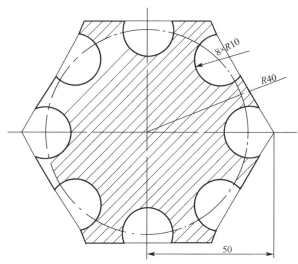

A. 4471.888，476.026 　B. 4444.888，446.027
C. 4571.874，446.078 　D. 4479.878，471.329
答案：A

练习 8-7 将长度和角度精度设置为小数点后三位，绘制以下图形，B 点为边 AC 的中点，内切圆半径 R 为（　　　）？

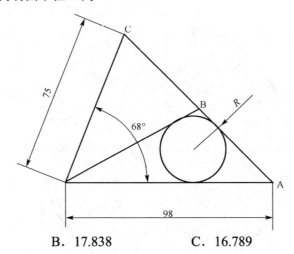

A. 15.538　　　　B. 17.838　　　　C. 16.789　　　　D. 19.478

答案：A

实训九

绘制正等轴测图

1）本章将介绍正等轴测图的绘制方法和尺寸标注方法。

2）了解正等轴测图的绘制方法。

3）能正确标注正等轴测图尺寸。

一、设置正等轴测图绘制环境

正等轴测图是在二维空间下绘制的有立体感的图形，它与平面投影图和三维图形都是有所区别的，所以，要正确地绘制正等轴测图，首先要对正等轴测图的绘图环境进行设置。

具体操作步骤如下。

（1）在菜单栏中选择【工具】|【草图设置】菜单命令，开启【草图设置】对话框。切换到【捕捉和栅格】选项卡．在"捕捉类型"栏中选择"等轴测捕捉"选项，如图 9-1 所示。

图 9-1　设置栅格和捕捉

（2）切换到"极轴追踪"选项卡中，勾选"启用极轴追踪"复选框，在"极轴角设置"栏中设置"增量角"为30、在"对象捕捉追踪设置"栏中选择"用所有极轴角设置追踪"选项，如图9-2所示。

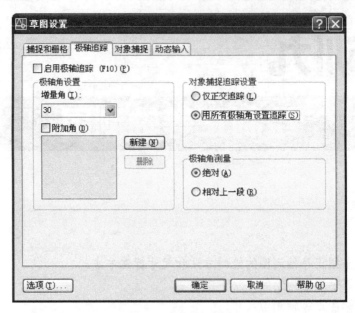

图9-2 设置极轴追踪

（3）单击"确定"按钮完成正等轴测图绘制环境的设置。

二、切换等轴测平面

由于正等轴测图是要同时展示物体在三个坐标面方向的物体表面的图形，因此 Auto CAD 定义了等轴测平面(左)、等轴测平面(右)和等轴测平面(上)3 个轴测平面，用户可以在这三个等轴测平面中绘制物体在三个坐标面方向的物体表面形状。

用户在绘制等轴测图的时候需要在三个等轴侧平面之间进行切换，要切换等轴测平面可以在命令行中执行"ISO 平面"命令 ISOPLANE，命令行操作如下。

命令：ISOPLANE

当前等轴测平面：上

输入等轴测平面设置 [左(L)/上(T)/右(R)] <右>：选择需要的等轴测平面

在用户切换等平面的时候，十字光标也将随之变化，图9-3 展示的是三个等轴测平面中十字光标的状态。

（a）等轴测平面（左）　　　　（b）等轴测平面（上）　　　　（c）等轴测平面（右）

图9-3 三个等轴测平面中十字光标

除了前面介绍的在命令行执行命令的方法以外，按<Ctrl+E>键或<F5>键也可以在三个等轴测平面之间切换。

三、绘制正等轴测图

在 Auto CAD 中绘制正等轴测图时，用得最多的命令就是"直线"命令、"椭圆"命令"复制"命令和"修剪"命令。本节通过绘制如图 9-4 所示的正等轴测图形来介绍这些绘图命令在绘制正等轴测图过程中的应用（假如长方体为图 9-7 的长方体，带了半径为 10mm 的圆角）。

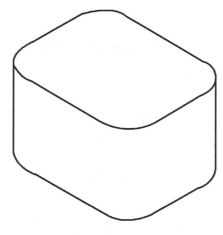

图 9-4　正等轴测图

具体作图步骤如下。

① 绘制前表面。

点击"直线"按钮

指定第一点：在命令行中任意指定一点

指定下一点或[放弃(U)]：@40<30　↙（回车）

指定下一点或[放弃(U)]:@30<90　↙（回车）

指定下一点或[闭合(C)/放弃(U)]：@40<210　↙（回车）

指定下一点或[闭合(C)/放弃(U)]：C　↙（回车）

命令执行结果如图 9-5(a)所示。绘制出长方体的前表面

② 绘制其余线段。

再点击"直线"按钮

指定第一点：指定 A 点

指定下一点或[放弃(U)]：@60<150　↙（回车）（得 D 点）

指定下一点或[放弃(U)]:@40<210　↙（回车）（得 E 点）

指定下一点或[闭合(C)/放弃(U)]：@30<270　↙（回车）（得 F 点）

指定下一点或[闭合(C)/放弃(U)]：指定 C 点　↙（回车）

最后直线连接 BE 即完成全图，如图 9-5(b)。

（直线的绘制顺序可以改变）。

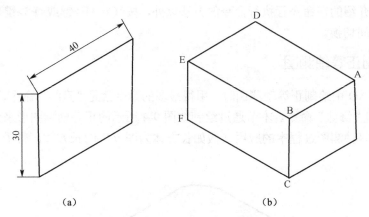

图 9-5　长方体的正等轴测图

③ 复制直线，找四个椭圆圆心。

命令: _copy

选择对象: （选择直线 BE）∠（回车）

指定基点或位移，或者 [重复(M)]: 指定位移的第二点或 <用第一点作位移>: @10<30 ∠（回车）

命令: _copy

选择对象: (选择直线 AD) ∠（回车）

指定基点或位移，或者 [重复(M)]: 指定位移的第二点或 <用第一点作位移>: @10<210∠（回车）

命令: _copy

选择对象: (选择直线 AB) ∠（回车）

指定基点或位移，或者 [重复(M)]: 指定位移的第二点或 <用第一点作位移>: @10<150∠（回车）

命令: _copy

选择对象: (选择直线 ED) ∠（回车）

指定基点或位移，或者 [重复(M)]: 指定位移的第二点或 <用第一点作位移>: @10<330 ∠（回车）

如图 9-6(a)所示。

④ 绘制椭圆。

命令: _ellipse

指定椭圆轴的端点或 [圆弧(A)/中心点(C)/等轴测圆(I)]: <等轴测平面 上>i ∠（回车）

指定等轴测圆的圆心: （拾取交点）

指定等轴测圆的半径或 [直径(D)]: 10

重复绘制四个椭圆，半径都为 10，如图 9-6（b）所示。

⑤ 复制上表面椭圆到下表面，绘制公切线 A、B，捕捉到上下椭圆的象限点，如图 9-6（c）所示。

⑥ 修剪得到图形 9-6（d）。

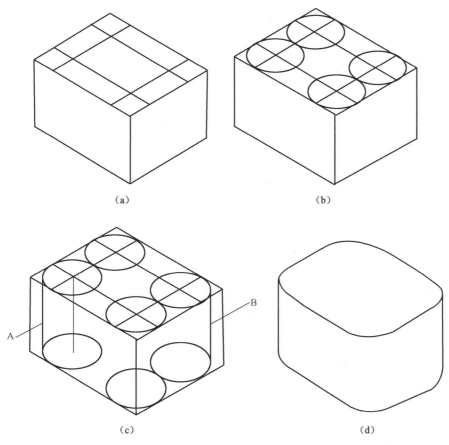

（a）　　　　　　　　　　　（b）

（c）　　　　　　　　　　　（d）

图 9-6　圆角的绘制

四、标注正等轴测图尺寸

在标注正等轴测图形的时候和标注平面投影图形不一样．在本书中将着重介绍正等轴测图形中直线尺寸的标注。

（1）正等轴测图直线尺寸的标注。在正等轴测图中标注直线的时候，要先用"对齐"命令对直线进行标注，然后使用"编辑标注"命令中的"倾斜"选项对标注好的直线尺寸进行适当的偏移即可。下面以标注一个长方体等轴测图的尺寸为例介绍正等轴测图中直线尺寸的标注方法；标注结果如图 9-7 所示。

将"标注"设置为当前图层，在命令行中执行"对齐"命令，命令行操作如下。

命令：_dimaligned

指定第一条尺寸界线原点或<选择对象>：捕捉如图 9-6 所示 E 点

指定第二条尺寸界线原点；捕捉如图 9-6 所示的 D 点

指定尺寸线位置或

〔多行文字(M)文字(T)／角度(A)〕：（在绘图区中适当位置放置）

标注文字 = 40

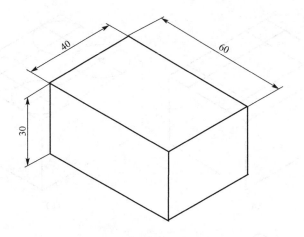

图 9-7   长方体等轴测图尺寸标注结果

命令执行结果如图 9-8（a）所示。

用同样的方法标注其他对齐尺寸，如图 9-8（b）所示。

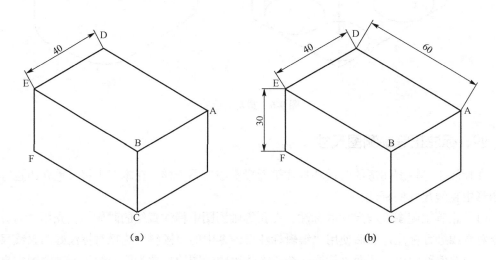

图 9-8   对齐尺寸标注结果

（2）编辑标注。在命令行中执行"编辑标注"命令，命令行操作内容如下。

点击"编辑标注"按钮

输入标注编辑类型默认（H)新建（N)/旋转(R)/倾斜(O)<默认>：O ✓（回车）

选择对象：（选择如图 9-9(a)所示的对齐尺寸 30） ✓（回车）

输入倾斜角度(按 Enter 表示无)：210 ✓（回车）

命令执行结果如图 9-9（b）所示。

用同样的方法，倾斜其他两个对齐尺寸，设置尺寸 40 的倾斜角度为 150，设置尺寸 60 的倾斜角度为 30，倾斜结果如图 9-7 所示。

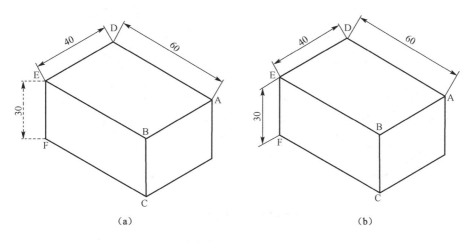

（a）　　　　　　　　　　　　　　（b）

图 9-9　倾斜尺寸 30

五、举例说明复杂几何体正等轴测图的绘制

示例：绘制图 9-10 平面组合体的正等轴测图。

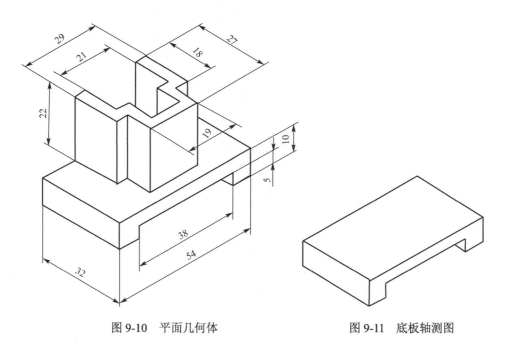

图 9-10　平面几何体　　　　　　图 9-11　底板轴测图

绘图步骤为：

① 激活轴测投影模式，再打开极轴追踪、对象捕捉及自动追踪功能，设定追踪角度为 30°，对象捕捉类型为端点和交点，然后利用 LINE 命令绘制底板，如图 9-11 所示。

② 绘制线框 A,并把线框 A 复制到 B 处，如图 9-12（a）所示。

③ 绘制线框 C,再绘制线段 D、E 等,然后修剪多余线条,结果如图 9-12（b）所示。

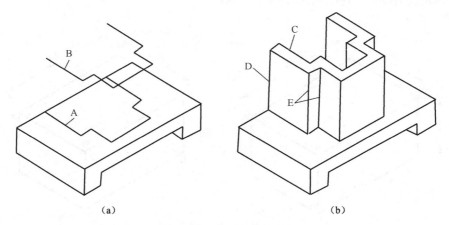

（a） （b）

图 9-12 绘制其余部分

示例：绘制图 9-13 所示带圆和圆弧立体的轴测图。

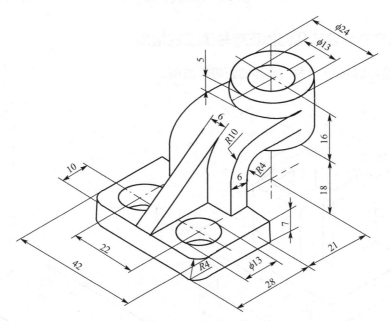

图 9-13 复杂几何体

绘图步骤为：

① 激活轴测投影模式，再打开极轴追踪、对象捕捉及自动追踪功能，设定追踪角度为 30°，对象捕捉类型为端点和交点，然后利用 LINE 命令绘制底板，如图 9-14（a）所示。

② 绘制椭圆 A、B，结果如图 9-14（b）所示。在确定这两个椭圆的中心时，可采取自动追踪的方法。例如，如果要寻找椭圆 A 的中心点 N，可先使用"TT"选项在 M 点处建立一个临时参考点，然后从此点沿 150° 方向追踪找到 N 点。

③ 将椭圆 A、B 复制到所需的位置，如图 9-14（c）所示。

④ 绘制公切线 C，然后修剪多余线条，结果如图 9-14（d）所示。

⑤ 绘制"L"型弯曲板的轴测投影 D，结果如图 9-14（e）所示。

⑥ 绘制椭圆 E、F 和 G，如图 9-14（f）所示。

⑦ 将椭圆 E、F 和 G 复制到所需位置，再绘制公切线 A、B 及椭圆 C，结果如图 9-14（g）所示。

⑧ 修剪及删除多余线条，结果如图 9-14（h）所示。

⑨ 把椭圆弧 D、线段 E 复制到 F 处，然后绘制切线 G、平行线 H 及线段 I，结果如图 9-14（i）所示。

⑩ 修剪多余线条，结果如图 9-14（j）所示。

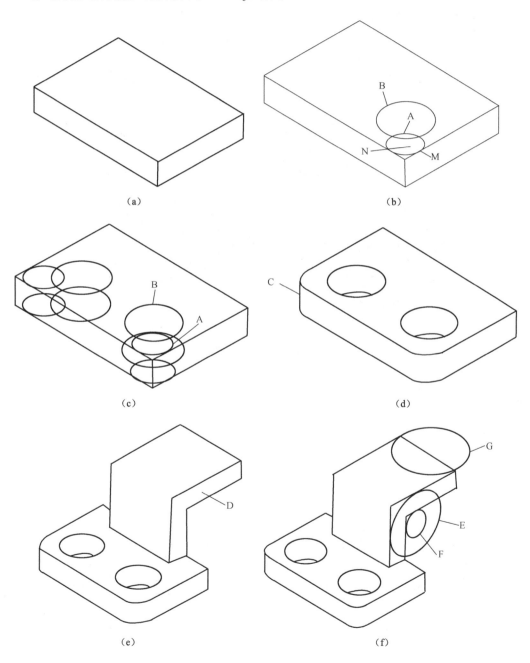

（a）　　　　　　　　　　　（b）

（c）　　　　　　　　　　　（d）

（e）　　　　　　　　　　　（f）

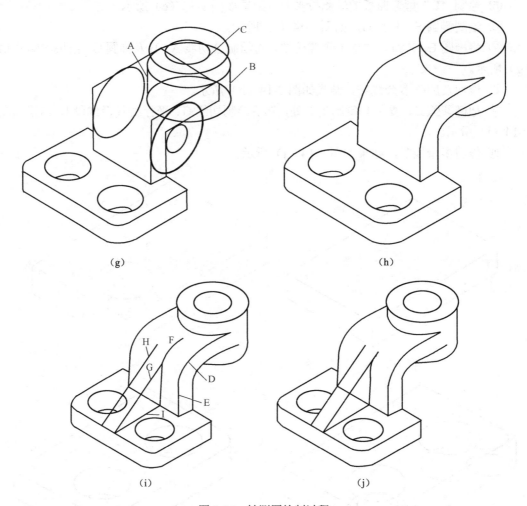

图 9-14 轴测图绘制过程

练习

练习 9-1

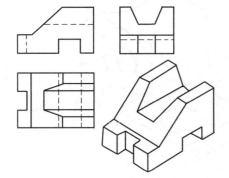

练习 9-2

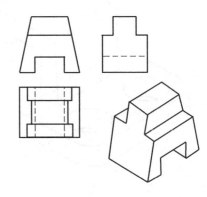

练习 9-3

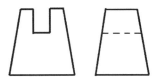

练习 9-4

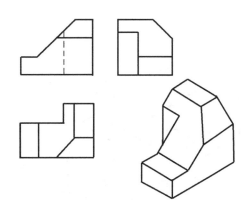

练习 9-5

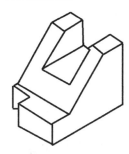

练习 9-6

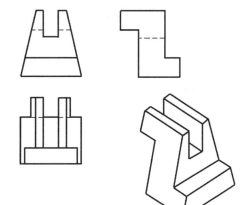

练习 9-7

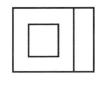
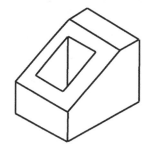

练习 9-8

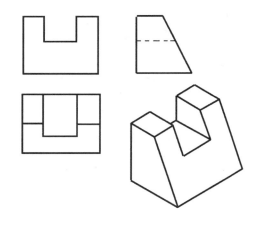

实训九　绘制正等轴测图

练习 9-9

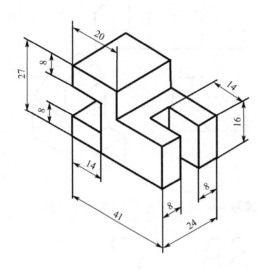

练习 9-10

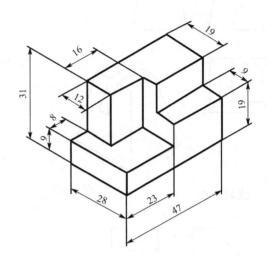

练习 9-11

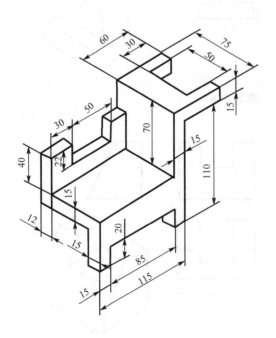

练习 9-12

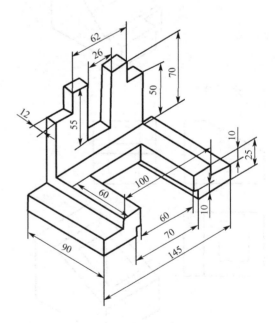

AutoCAD 简明实训教程

练习 9-13

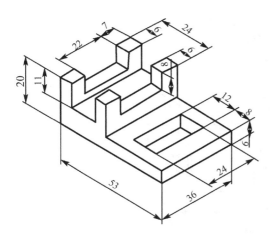

练习 9-14

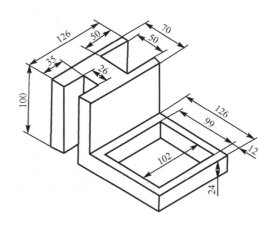

练习 9-15

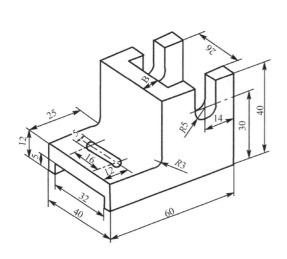

练习 9-16

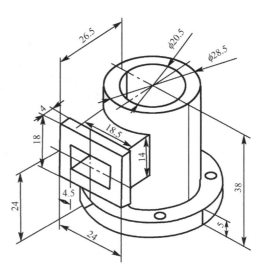

实训九　绘制正等轴测图

练习 **9-17**

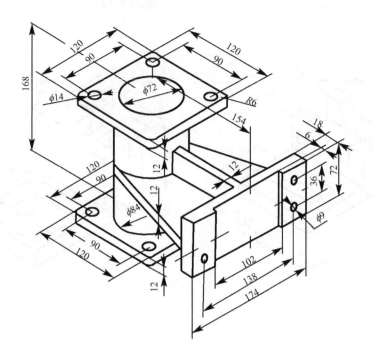

练习 **9-18**

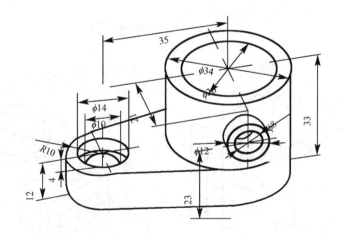

AutoCAD 简明实训教程

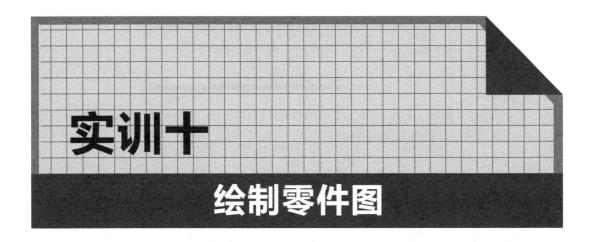

实训十

绘制零件图

1）通过绘制零件图，巩固机械制图的知识。

2）摸索计算机绘图的方法、步骤及技巧。

3）加强工程图样中国家标准的概念，并遵守国家标准规定；进一步熟悉 AutoCAD 的绘图环境的设定、基本绘图命令、编辑命令、工程标注、文字注释及精确绘图的方法。

一、设置绘图环境

在绘制零件图之前，首先要设置绘图环境，即做好绘图准备工作。设置绘图环境一般包括三个方面内容。

1. 设置绘图单位 创建文件时，可以使用【格式】|【单位】命令打开【图形单位】对话框设置绘图单位。一般情况下，设置长度单位为小数，精度为 0.00。

2. 设置绘图界限 绘图区域的大小是根据零件视图的尺寸进行设置的。一般是根据零件各视图的布局，大致计算零件各视图在长度和高度方向的尺寸，然后加上各视图之间大概需要的距离，并留出边框、标题栏、尺寸标注和技术要求等位置来设置绘图区域。绘图区域通常要等于或大于整图的绝对尺寸。

制作一张新图时，可以用经常使用的标准设置的图形样板，作为新图形的基础图形。AutoCAD 有许多样板，用于表示不同标准的图形边框，这些样板已经预先设定了图层、线型和其他的一些设置。既可以使用其中的一个样板文件，也可以修改样板文件以适应自己的特殊需要，或者创建自己所需的样板文件。

另外，也可以不使用样板文件，而用默认设置制作一张新图。

AutoCAD 还有两个向导用于制作一张新图。这些向导可以设置所要使用的线性单位和角度单位的类型以及预先确定绘图区域的范围。

如果许多图形使用相同的设置，则使用样板文件制作一张新图就显得更快捷，而使用设置向导会增加额外的操作。

3. 创建图层 可以根据自己的习惯创建不同的图层，详细见实训二，图 10-1 是常用图层的设置。

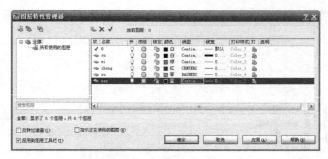

图 10-1　常用图层

二、设置绘图比例

绘图比例是指图形实际大小尺寸与绘图输出尺寸之间的比值。手工绘图是在大小确定的图纸上进行的，事先必须确定好绘图比例，再把机械零件的实际尺寸转化为绘图尺寸进行绘图。

使用 AutoCAD 绘制零件图，可以在任意大小的屏幕上绘图，并以实际通用单位按照零件实物尺寸绘图。最后打印出图时，按照预选的图纸规格来设置比例。

三、利用所学知识绘制零件图（具体过程略）

从而熟悉常用的绘图命令、编辑命令的用法及其各选项的含义。

四、填充剖面线

由于绘制的部分图形是剖视图，因此要在视图上填充剖面线。

五、零件标注

掌握尺寸标注中各参数的设定(要符合国家标准规定)；熟练掌握极限与配合及形位公差的标注方法。

1）设置图层　设置标注层为当前层。

2）设置标注样式　在进行尺寸标注之前，首先要建立尺寸标注样式，也可以对现有尺寸标注样式进行修改。由于在模板文件中已建立了样式，因此可以直接调用，并根据需要对其中的一部分进行修改即可。具体过程详见实训六。

如果零件图的标注比较复杂，在进行尺寸样式设置时，可以一次定义多种样式，如长度标注、角度标注、公差标注等，以便标注时灵活选用。

3）尺寸公差及带有前后缀的尺寸的标注

4）标注形位公差　尺寸公差及形位公差的标注具体见实训六。

5）常用复杂孔的标注　带引线的孔的标注，一般用【快速引线】的方法，设置点数，输入文字就可以。

6）标注表面粗糙度　一般将表面粗糙度符号定义为块，用插入块的方式标注表面粗糙度。具体见实训七。

六、标注技术要求、填写标题栏

用单行文字和多行文字方式填写，从而熟悉文字注释中各命令的使用方式及使用的条件，为今后熟练使用文字注释打好基础。

练习 10-1　轴类零件图

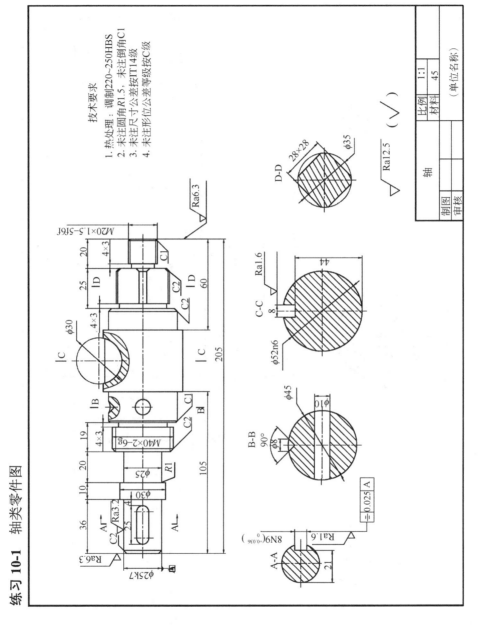

技术要求
1. 热处理：调制220~250HBS
2. 未注圆角R1.5，未注倒角C1
3. 未注尺寸公差按IT14级
4. 未注形位公差等级按C级

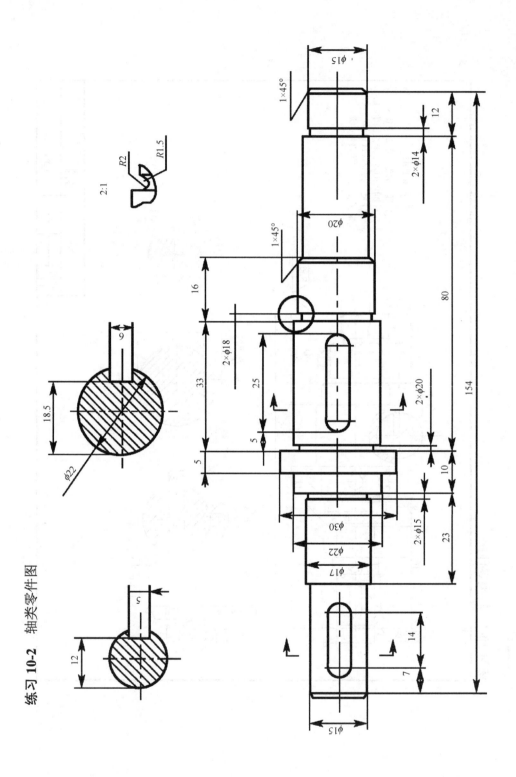

练习 10-2　轴类零件图

练习 10-3　轮盘零件图

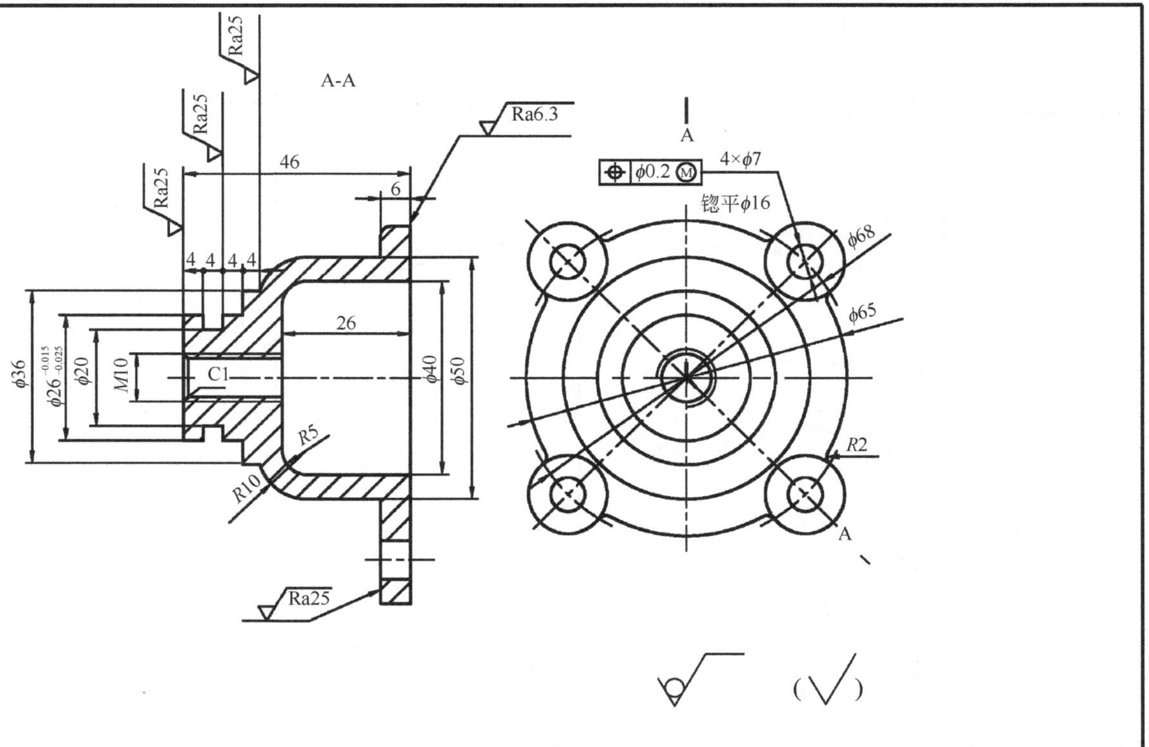

阀　盖

比例	1:1
材料	ZL101

制图

审核

（单位名称）

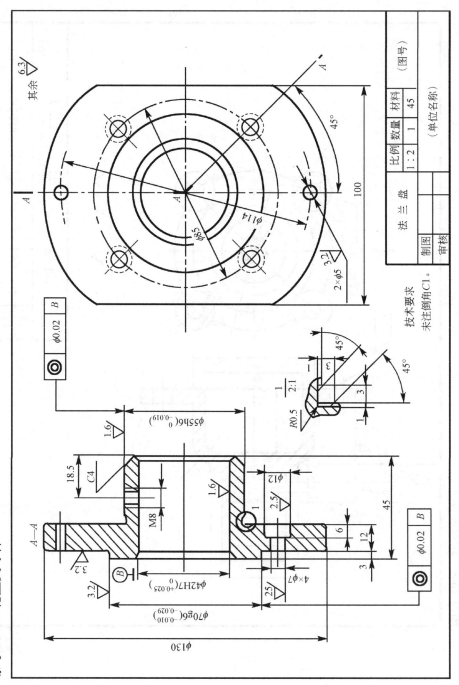

练习 10-4　轮盘类零件

AutoCAD 简明实训教程

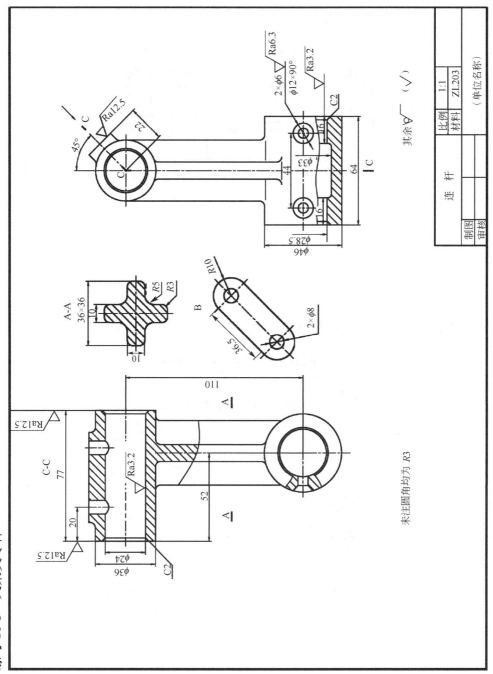

练习 10-5　叉架类零件

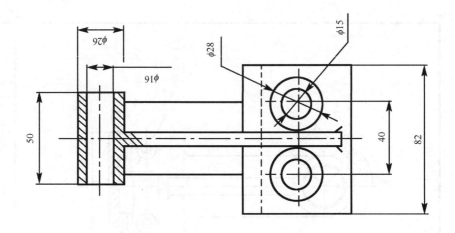

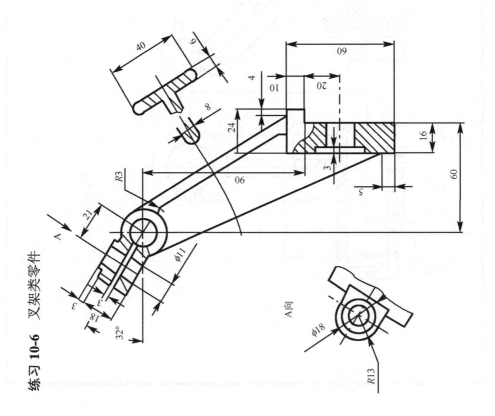

练习 10-6　叉架类零件

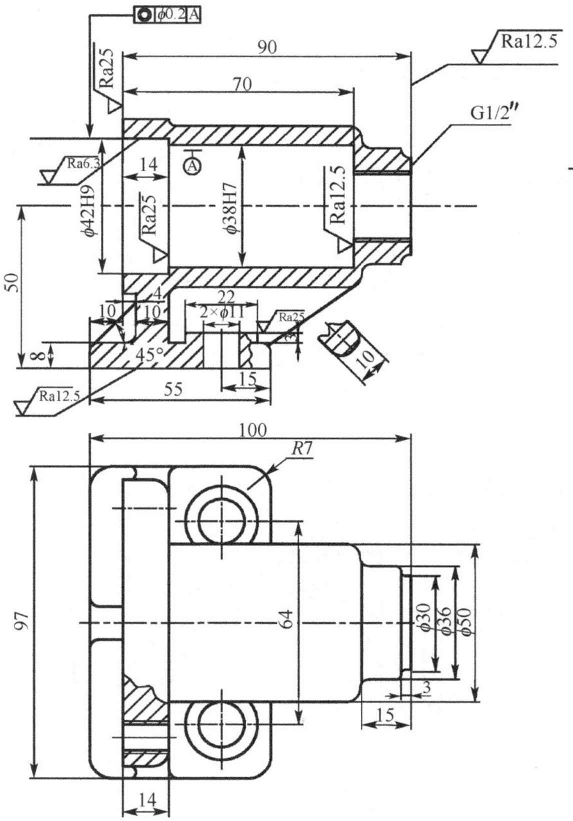

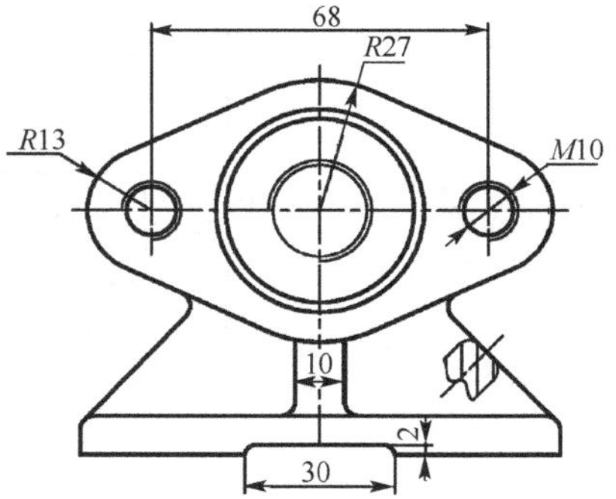

技术要求
1. φ38H7孔应在外壳的正中，其对称度为0.4
2. 外表经喷砂处理，无毛刺
3. 未注圆角 R3~R5

M10

R27

68

R13

10

30

Ra12.5

G1/2"

Ra12.5

Ra25

90

70

φ38H7

22

2×φ11

15

55

45°

Ra25

14

φ42H9

⌀ 0.2 A

Ra6.3

8

50

φ50

φ36

φ30

3

15

100

R7

64

14

97

比例	材　料	图号
1:1	铸铝ZL7	

泵　体 （单位名称）

制图
审核

练习 10-8　箱体类零件图

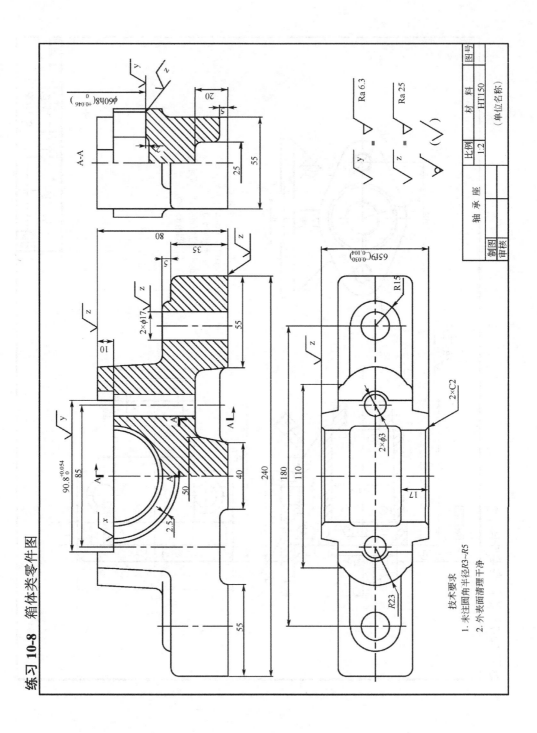

练习 10-9　箱体类零件图

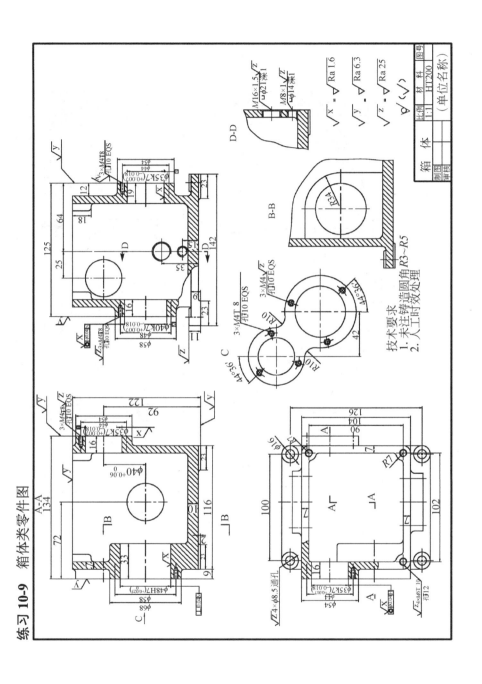

技术要求
1. 未注铸造圆角 $R3\sim R5$
2. 人工时效处理

比例	1:1	图号	
材料	HT200		
(单位名称)			

箱　体

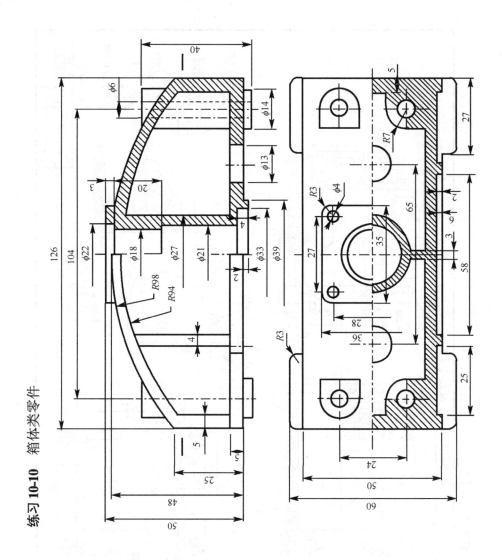

练习 10-10　箱体类零件

练习 10-11

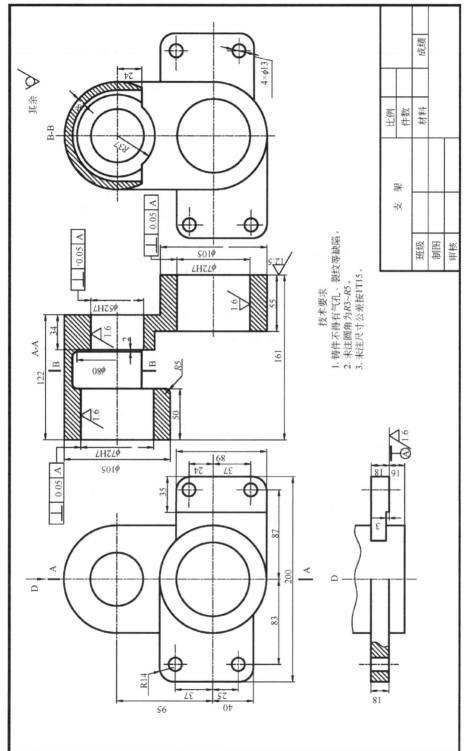

技术要求
1. 铸件不得有气孔、裂纹等缺陷。
2. 未注圆角为R3~R5。
3. 未注尺寸公差按IT15。

		比例		成绩
支 架		件数		
		材料		
班级	制图	审核		

99

实训十 绘制零件图

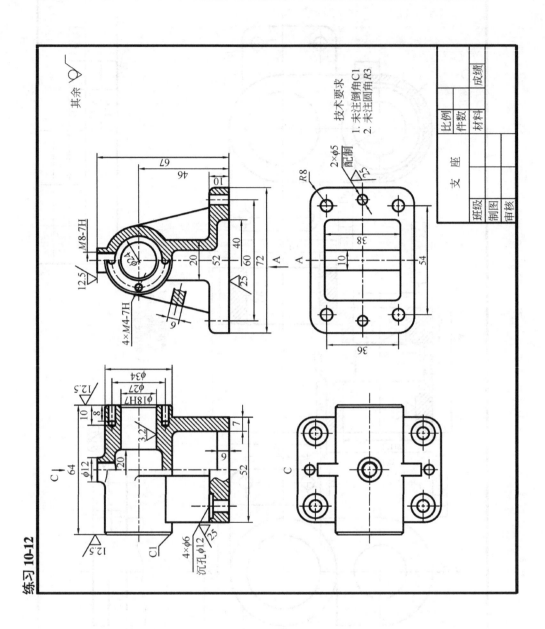

练习 10-12

AutoCAD 简明实训教程

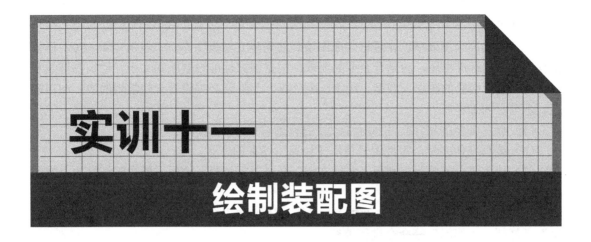

实训十一

绘制装配图

1）通过绘制装配图，掌握装配图的绘制方法。

2）熟悉 Auto CAD 绘图的方法及技巧。进一步熟练绘图命令、修改命令、尺寸标注、文字标注的使用。

3）练习图形文件之间的调用和插入的方法，尤其要熟悉块的创建和插入。

掌握装配图的画图和看图方法，是学习机械制图的主要任务之一。而用计算机画装配图，与画零件图有着很大的不同，因此，有必要进行绘制装配图的训练。

装配图是表达产品及部件中部件与部件、零件与部件、零件与零件间连接的图样，包括注明装配与检验所必需的数据和技术要求。在设计机器或部件时，一般先绘制装配图，再由装配图绘制出零件图。用 AutoCAD 绘制装配图，如果已经完成了零件图的设计，可以调用已绘制出的零件图来拼制装配图。

装配图一般都比较复杂，本章采用的方法是先绘制零件图，再拼制装配图。

在绘制装配图之前，首先需要对所绘制的装配体的性能、用途、工作原理、结构特征、零件与零件之间的装配和连接方式进行分析和了解。

本教材提供了三套装配图的实训内容（绘制旋塞装配图、立式齿轮油泵装配图、卧式齿轮油泵装配图），可根据不同专业和实训时间的长短进行选择。

实训步骤及要求如下。

（1）分别绘制装配图中各零件图并进行编号，存盘。

（2）按照绘制装配图的顺序逐一装配（利用绘制好的零件图逐个插入，注意各图之间的比例关系）。

（3）对装配图中插入的各零件图进行移动、旋转、缩放等处理（判别可见性、剖面符号的正确处理等），然后修剪掉多余的线段。也可以将画好的零件图写成块，然后用插入命令来完成零件图的装配，互相重叠的线条采用【分解】命令后，用【修剪】和【删除】命令修饰即可。

（4）为提高绘图效率，在进行装配图绘制前先建立样板图库。一般从 A4～A0。样板图作为企业的标准样图，应结合企业的要求，根据国家标准设置图幅大小、绘制图框线和标题栏。设置必要的图层、线型、线宽、颜色等。此外还必须设置一些常用的块，如粗糙度、基准、明细栏等。

（5）标注必要的尺寸。注意标注尺寸的设置和尺寸更新。

（6）编写零件序号，零件编号使用【快速引线】的方式。

（7）技术要求的填写：利用"多行文字"命令进行填写，位置一般在明细栏的上方或左边。

（8）标题栏、明细栏的绘制及填充：利用"插入/块"命令，插入明细栏，并利用"文字"、"复制"、"编辑"等命令进行填充，

（9）图形调整：所有绘图工作完成后，利用"移动"命令对装配图的位置进行适当调整，做到疏密适度、均匀。

（10）绘制完成后赋名存盘。

练习

练习 11-1　旋塞装配图

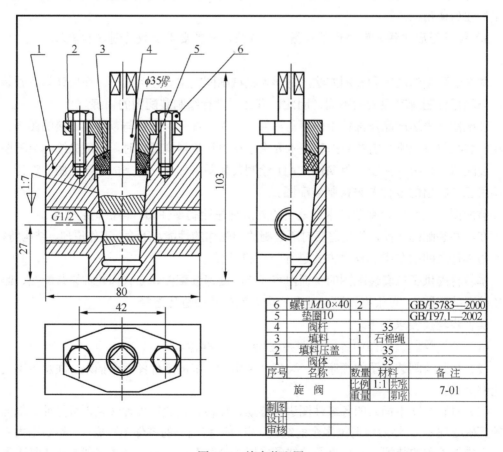

图 11-1　旋塞装配图

AutoCAD 简明实训教程

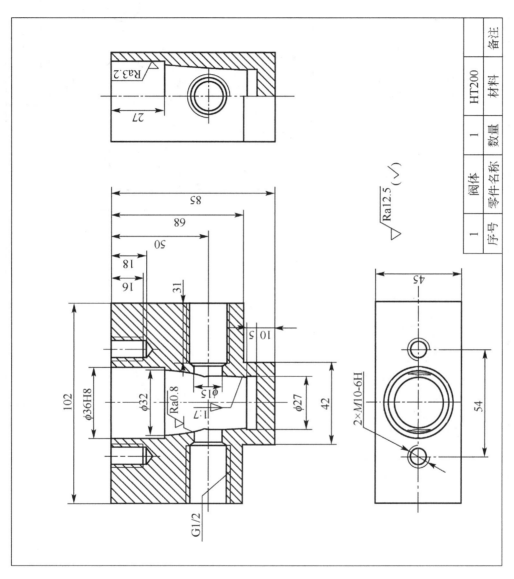

图 11-2　阀体零件图

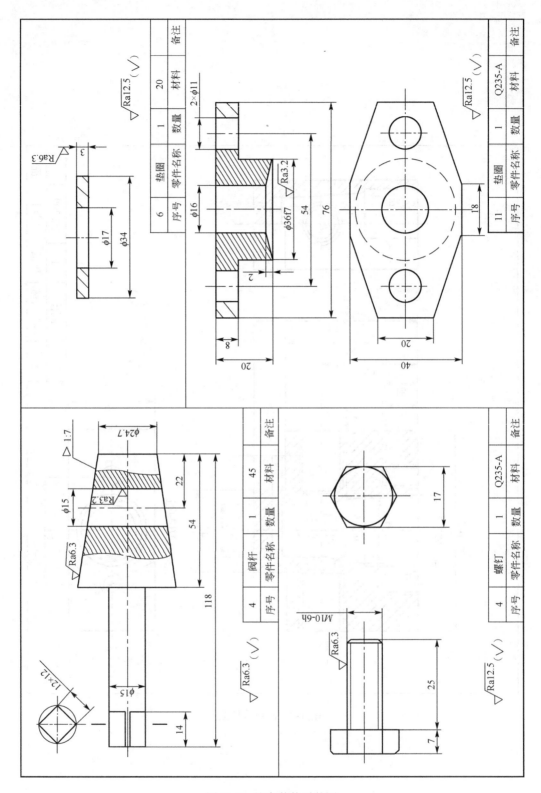

图 11-3　旋塞其他零件图

练习 11-2 立式齿轮油泵装配图绘制

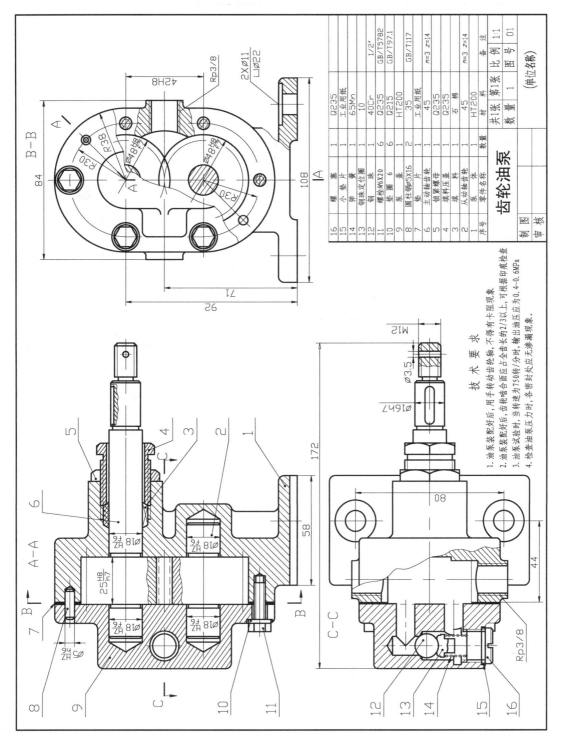

图 11-4 立式油泵装配图

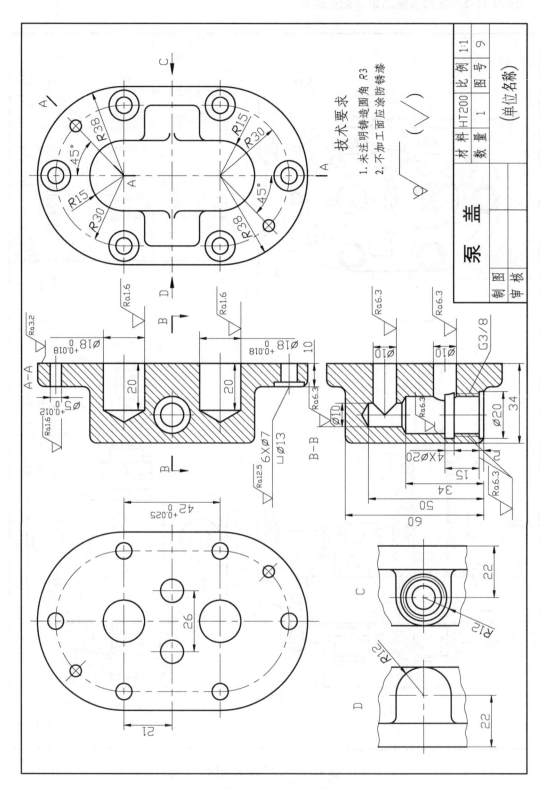

图 11-5　泵盖零件图

AutoCAD 简明实训教程

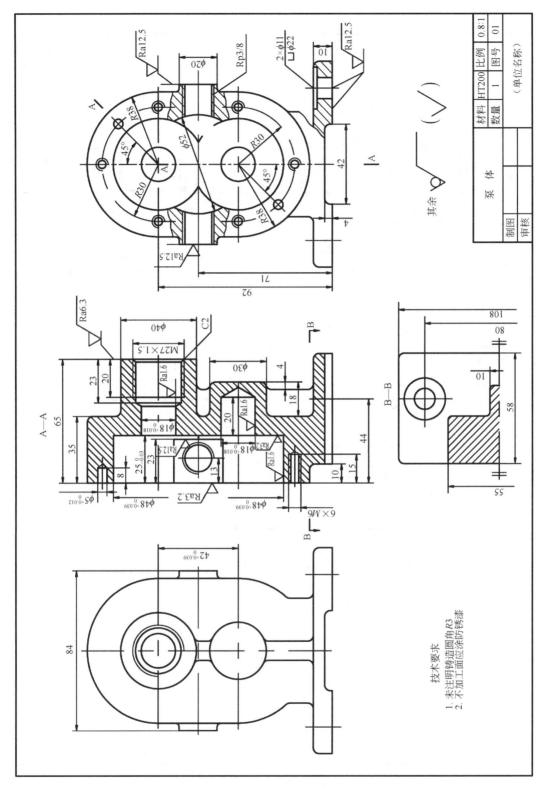

图 11-6　泵体零件图

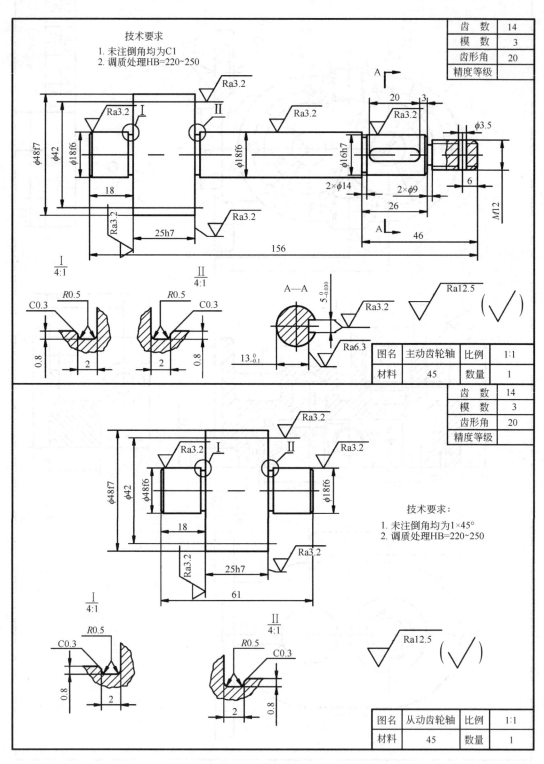

图 11-7　其他零件图（一）

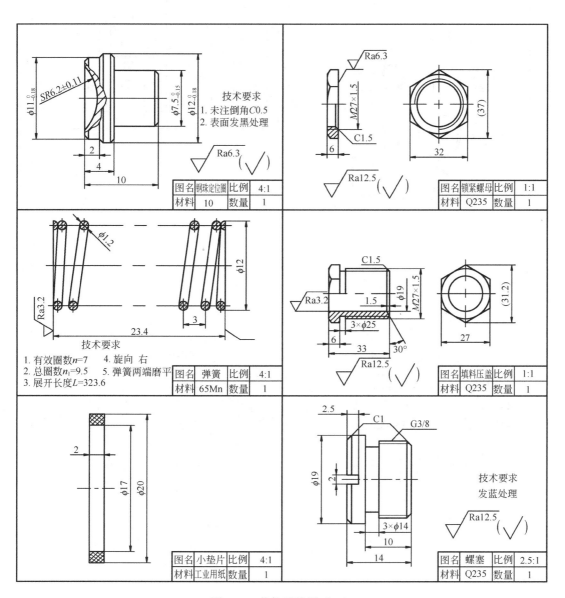

图 11-8 其他零件图（二）

练习 11-3　卧式齿轮油泵装配图

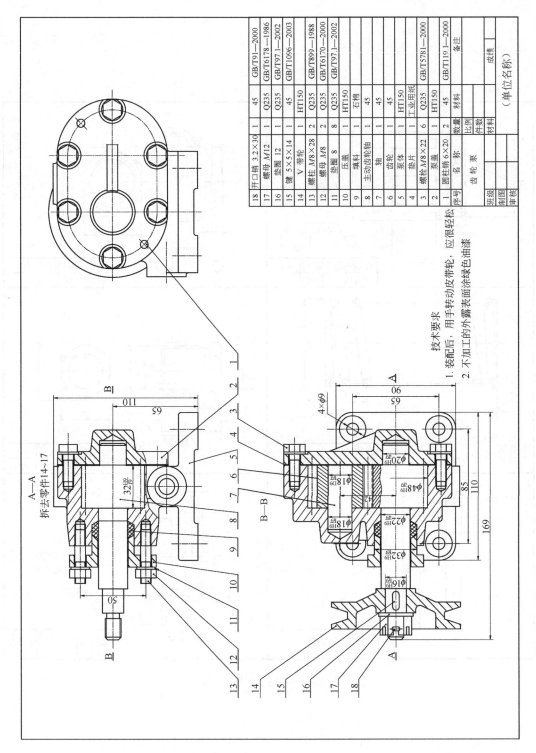

序号	名 称	数量	材料	备注
18	开口销 3.2×30	1	45	GB/T91—2000
17	螺母 M12	1	Q235	GB/T6178—1986
16	垫圈 12	1	Q235	GB/T97.1—2002
15	键 5×5×14	1	45	GB/T1096—2003
14	V 带轮	1	HT150	
13	螺柱 M8×28	2	Q235	GB/T899—1988
12	螺母 M8	2	Q235	GB/T6170—2000
11	垫圈 8	8	Q235	GB/T97.1—2002
10	压盖	1	HT150	
9	填料	1	石棉	
8	主动齿轮轴	1	45	
7	轴	1	45	
6	齿轮	1	45	
5	泵体	1	HT150	
4	垫片	1	工业用纸	
3	螺栓 M8×22	6	Q235	GB/T5781—2000
2	泵盖	1	HT150	
1	圆柱销 6×20	2	45	GB/T119.1—2000
序号	名 称	数量	材料	备注

	比例	
	件数	
齿 轮 泵	材料	（单位名称）
班级		成绩
制图		
审核		

技术要求
1. 装配后，用手转动皮带轮，应很轻松
2. 不加工的外露表面涂绿色油漆

图 11-9　卧式齿轮油泵装配图

AutoCAD 简明实训教程

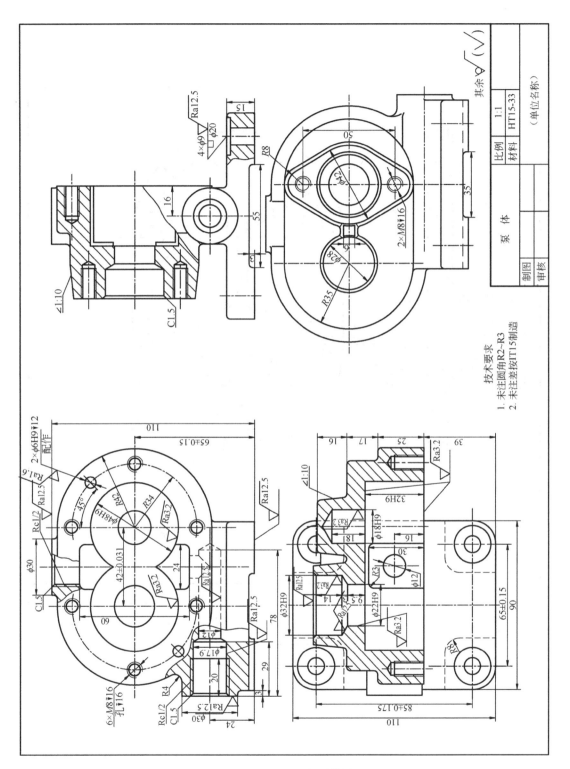

图 11-10 卧泵泵体零件图

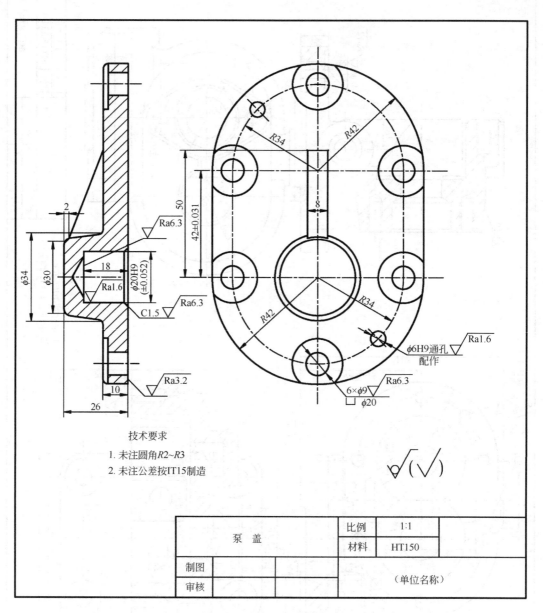

技术要求

1. 未注圆角R2~R3

2. 未注公差按IT15制造

泵 盖	比例	1:1	
	材料	HT150	
制图			（单位名称）
审核			

图 11-11 卧泵泵盖零件图

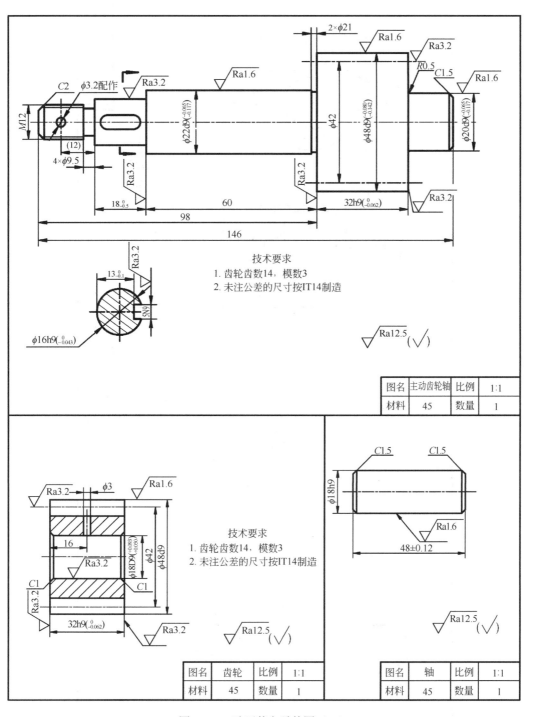

技术要求
1. 齿轮齿数14，模数3
2. 未注公差的尺寸按IT14制造

图名	主动齿轮轴	比例	1:1
材料	45	数量	1

技术要求
1. 齿轮齿数14，模数3
2. 未注公差的尺寸按IT14制造

图名	齿轮	比例	1:1
材料	45	数量	1

图名	轴	比例	1:1
材料	45	数量	1

图 11-12　卧泵其它零件图（一）

实训十一　绘制装配图

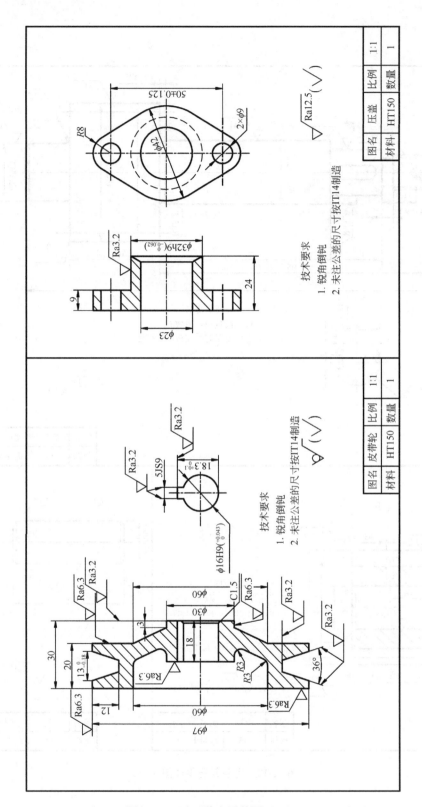

图 11-13　卧泵其它零件图（二）

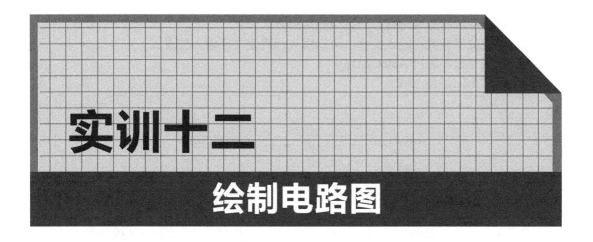

实训十二

绘制电路图

实训目的

1）通过绘制电路图，掌握绘制电路图的规律、绘图方法和技巧。

2）摸索制作符号库，利用块的功能(定义块、块插入、块存盘)，简化绘图过程。

3）掌握注释文字的方法。包括文字的设置、文字的输入以及文字的编辑方法。

（1）看懂图样，进入 AutoCAD。

（2）设置绘图环境，建立图层、颜色、线型。

（3）绘制电路图的基本图线。

（4）创建电路图中各种电气符号的图块。

例如：创建一电阻符号。

1）调用矩形命令画一矩形；

2）调用块命令(菜单：【绘图】——【块】——【创建】或绘图工具栏中的【创建块】图标)，弹出【块定义】对话框；

3）在块名输入框中，输入块名(可以是字母、数字或中文)：电阻；

4）单击选择对象按钮，回到绘图区，选中刚画的矩形；

5）返回块定义对话框，单击选择点按钮，回到绘图区，利用目标捕捉，捕捉矩形短边的中点为基点，返回对话框，单击确定。

（5）用插入块命令插入块。

例如：将创建的块(电阻)，插入到图中。

1）调用插入块命令(菜单：【插入】|【块】或单击绘图工具栏的图标)，弹出【插入】对话框；

2）单击块按钮，在已定义块对话框中选择电阻；

3）对话框中的选项用于指定插入点、比例和旋转角度，插入点与块的基点对齐，单击确定，回到绘图区；

4）在图形中确定插入点，在命令行中提示：

X 比例因子(1) / 角点(C) / XYZ：(X 方向比例因子)

Y 比例因子(缺省=X)：(Y 方向比例因子)

旋转角度(0)：(插入图形旋转角度)

——确定缩放和旋转角度，则完成图块的插入。

（6）建立文字样式，输入文字，可以用光标确定文字输入位置。

（7）赋名存盘，退出 AutoCAD。

图例见图 12-1、图 12-2。

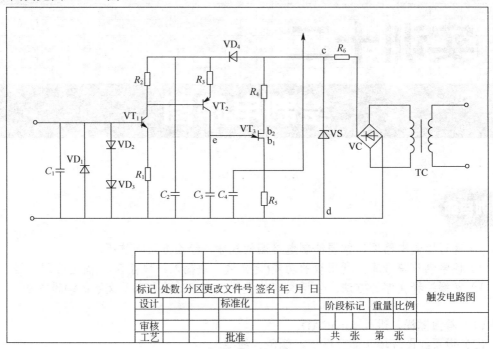

图 12-1　电路图图例（一）

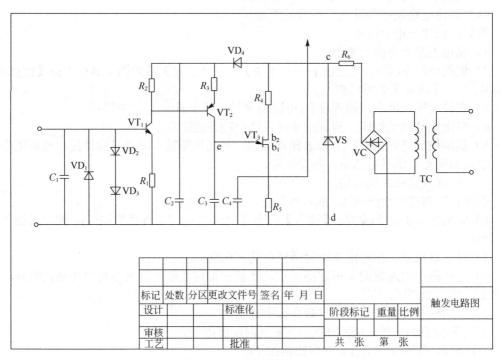

图 12-2　电路图图例（二）

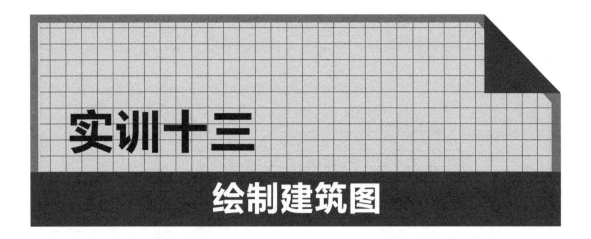

实训十三

绘制建筑图

实训目的

1）练习创建块定义命令、插入块命令和块存盘命令的用法。

2）练习建立文字的样式命令和文字的输入以及编辑文字命令的使用方法。

3）练习绘制建筑图。

抄绘练习中的建筑平面图和剖面图。剖面图中：楼宽（中心线位置）为9500，楼梯间宽5400，楼梯平台宽1200，墙厚240，门为800×2100。

（1）进入 AutoCAD。

（2）设置绘图环境。建新图层、颜色、线型。

图形界限左下角(0，0)，右上角(29700，42000)。

（3）绘制图幅(29700×42000)、边框(28700×41000)、标题栏(5600×18000)。

（4）在点画线层绘制定位轴线。

（5）在实线层绘制墙线。

（6）用创建块定义命令把门、标高符号定义成块，分别插入图中。

（7）在另一实线层标注尺寸。

（8）赋名存盘，退出 AutoCAD。

图例见图 13-1、图 13-2。

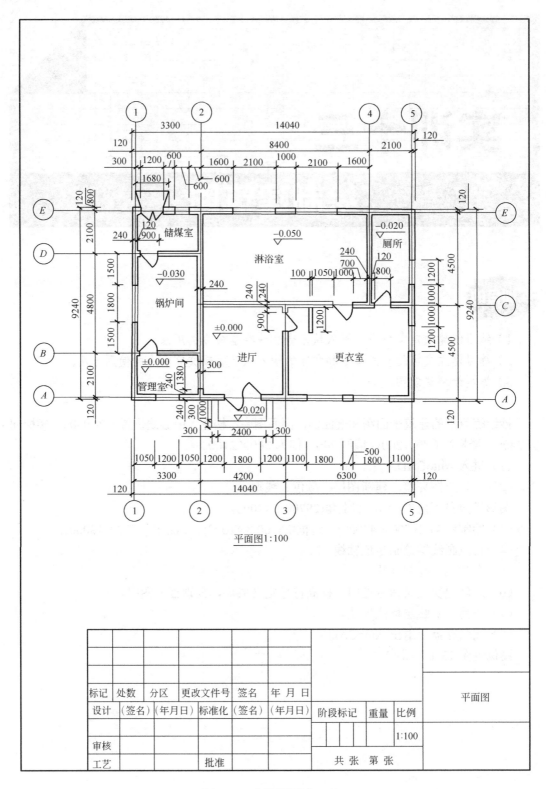

平面图1:100

标记	处数	分区	更改文件号	签名	年 月 日				平面图
设计	(签名)	(年月日)	标准化	(签名)	(年月日)	阶段标记	重量	比例	
									1:100
审核									
工艺			批准			共 张 第 张			

图 13-1　建筑图图例（一）

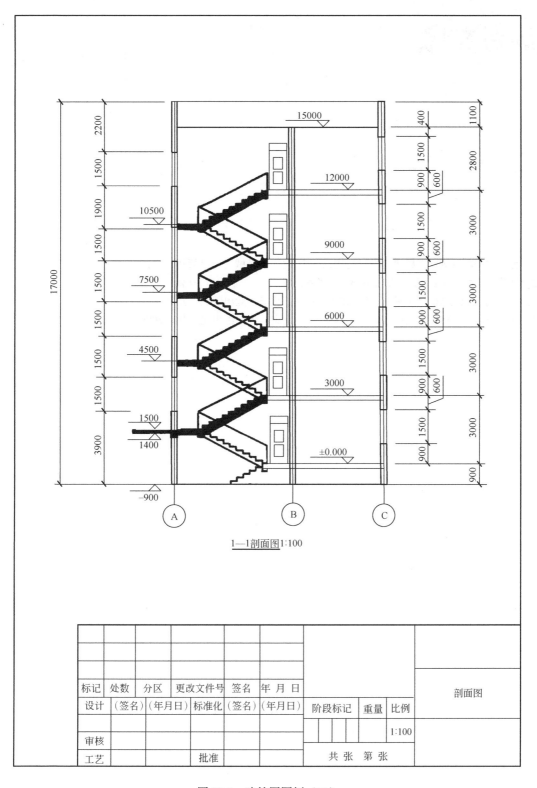

1—1剖面图1:100

标记	处数	分区	更改文件号	签名	年 月 日				剖面图	
设计	(签名)	(年月日)	标准化	(签名)	(年月日)	阶段标记	重量	比例		
审核								1:100		
工艺			批准			共 张 第 张				

图 13-2　建筑图图例（二）

参考文献

REFERENCE

[1] 张玉琴.AutoCAD 上机实验指导与实训[M]. 北京：机械工业出版社，2010.

[2] 杨霞. 新编 AutoCAD 模块化基础操作教程[M]. 北京：中国电力出版社，2011.

[3] 任晓耕.AutoCAD 上机操作与练习[M]. 北京：化学工业出版社，2009.

[4] 姜勇.AutoCAD 中文版机械制图习题集[M]. 北京：人民邮电出版社，2009.